森林の放射線生態学

―福島の森を考える―

著者：橋本昌司・小松雅史

執筆協力：三浦 覚

JN074292

写真

前ページ：福島第一原子力発電所と後方に広がる阿武隈山系（出典：地理院地図 Globe を加工して作成）

上：森林除染試験の様子（6.1 節参照、提供：森林総合研究所大谷義一氏）

右上：帰還困難区域で撮影されたイノシシの親子（4.3 節、6.3 節参照、提供：ジョージア大学 James C. Beasley 氏）

右下：原木シイタケの植菌風景（図 6.23、6.5 節参照、提供：栃木県林業センター石川洋一氏）

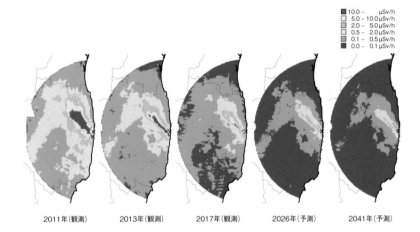

10.0 －　　μSv/h
5.0 － 10.0 μSv/h
2.0 －　5.0 μSv/h
0.5 －　2.0 μSv/h
0.1 －　0.5 μSv/h
0.0 －　0.1 μSv/h

2011年(観測)　　2013年(観測)　　2017年(観測)　　2026年(予測)　　2041年(予測)

図

福島第一原子力発電所から 80 km 圏内における空間線量率分布マップの経年変化（観測は第 1、7、12 次航空機モニタリング。予測は図 3.19）

森林の放射線生態学

福島の森を考える

橋本昌司・小松雅史【著】　三浦 覚【執筆協力】

丸善出版

はじめに

　この本を手に取ってくださった皆さんは、2011年3月11日の大地震と津波を、そしてその後の放射能汚染の混乱をどこで経験されたでしょうか？　あの時のことを覚えていますか？

　この本が出版される2021年3月は、2011年に起きた東日本大震災からちょうど10年という節目になります。マグニチュード9.0の大地震は津波による多数の犠牲者を生み出したことに加え、東京電力福島第一原子力発電所の事故を誘発し、結果として広い地域の陸域および水域に放射能汚染を引き起こしました。特に森林は日本の陸域の約7割を占めており、汚染された陸地の多くが森林です。

　事故後、原発を中心とした半径20 kmの範囲と汚染の強い北西部に避難指示が出されました。政府は除染などの汚染対策を広域で実施し、居住地周辺の空間線量率が低下した結果、避難指示区域の解除が徐々に行われてきました。帰還率は3割弱と十分ではないものの、被災した地域の復興は進んでいるように見えます。しかし、この本が対象としている森林に目を向けてみると、放射性セシウムによる汚染はまだ続いていると言えます。

　調査で地域に立ち入ると、自然に恵まれた福島県では、事故前多くの住民が森林に囲まれた暮らしに恩恵を受けてきたことがわかります。そして住民の多くは、事故後除染が行われ避難指示の解除が進んだ現在でも、森林との付き合い方に悩んでいることがわかってきました。一方で、こうした課題を克服するためにあたるべき森林の放射能について解説した書籍がないこともわかりました。私たちは事故以前は放射能のことをほとんど知らない森林研究者でしたが、事故を契機に森林内の放射性物質の調査に関わるようになり、その後各自がそれぞれの専門分野に関わる部分での放射性物質の動態を明らかにしようと取り組んできました。震災から10年という節目にあたり、このような経験や明らかになった知見を記録し社会で共有する価値があると考え、本書を執筆しました。

　この本を書く上で私たちは、放射性物質によって汚染された森林を利用する人々に森林の放射能汚染の現状を伝え、向き合い方のベースとなるべき資料となることを目標としました。また、長く続くであろう森林の放射能汚染の知識を若い世代に学んでもらうため、森林や環境について学ぶ大学生の教科書になりうるものを目指しました。そこで、可能な限り平易な説明を目指す一方で、私たちが関わってきた研究結果を踏まえた、森林に関わる情報を網羅するようにしました。また森林内の放射性物質の動きだけでなく、放射能汚染が森林の産業や人々の生活に与えた影響や対策についても背景も含めながら記述しました。森林の放射能汚染の問題は、森林に関わるあらゆることに

関係すると言っても過言ではありません。例えば、生物地球化学や森林水文学、木材組織学、森林経理学、森林生態学、樹木生理学、森林土壌学、森林社会学など、幅広い研究分野が関連しています。実際にさまざまな分野の専門家が福島研究に取り組んでおり、本書にもそれらの分野を横断する学際的な内容が含まれています。

本書の構成は、まず第1章で福島原発事故による放射性物質漏れ事故の概略と福島の森林の概況について述べ、第2章で放射能汚染に対する基本的な考え方を、第3章では10年に及ぶ調査研究で明らかになった森林の中での放射性セシウムの動態について整理します。第4章で森林生態系と放射能汚染の関係について総合的に考え、第5章では人をいかに放射線の被害から守るかという観点から放射線防護と各種の基準値について解説します。第6章では森林の放射能汚染が人々の生活や産業に及ぼした影響をさまざまな角度から概括し、第7章ではまとめとして森林の今後について議論します。

この本が、福島の森林の実態や現状に対する考え方を総合的に伝え、森林との付き合い方に悩む人々や、新たに福島の森林と向き合う人々の助けとなることを願っています。

2021年1月

橋本昌司　小松雅史　三浦 覚

目　　次

第1章

放出された放射性物質

この章では、福島原発事故によって引き起こされた森林の放射能汚染の全体像を把握するため、事故による放射性物質の放出と森林生態系の特徴について説明します。

1.1　放射性物質はどのように飛散したのか？

福島原発事故で大気中に放出された放射性物質は降水や風
向きなどの気象状況に影響され、地表への沈着量は場所によ
り 1,000 倍以上の違いがありました。

　福島第一原子力発電所からの放射性物質の放出は、2011年3
月11日の大地震（東北地方太平洋沖地震）が引き起こした巨大
な津波によって、発電所が電源を喪失し原子炉の冷却機能が失
われたことにより発生しました。放射性物質の放出は複数の原
子炉容器から起き、主要な放出と沈着は3月12日から21日に
かけて発生したと考えられています。放出された主要な放射性
物質（核種）は、キセノン133（^{133}Xe）、ヨウ素131（^{131}I）、セシ
ウム134とセシウム137（^{134}Cs、^{137}Cs）、です。中でもヨウ素131
とセシウム134、セシウム137が代表的な核種で、正確な放出
量の推定値は未だに議論はありますがそれぞれの放出量は環境
省のとりまとめた資料では160、18、15 PBq（P＝ペタ＝10^{15}ベ
クレル）と推定されています（表1.1）（単位のBqについては2.3
節で解説）。これらの放射性核種（^{131}I、^{134}Cs、^{137}Cs）の半減期（放
射性核種が崩壊（壊変）し存在量が半分になるまでの時間）は
それぞれ8日（^{131}I）、2年（^{134}Cs）、30年（^{137}Cs）と大きく異なっ
ています。半減期が短いということは放射性核種が壊変により
早く減っていくことを意味します。そのためヨウ素131の存在量
は事故直後は多かったのですが、急速に減少し、事故後数か月
が経った頃から放射性セシウムによる汚染が主要な問題となっ
ていきました。事故後数か月時点での推定である表1.1では、

表1.1　主要な核種の半減期と環境への放出量

核　種	半減期	環境への放出量（PBq: ペタベクレル）	
		福島原発事故	チェルノブイリ原発事故
キセノン 133 (^{133}Xe)	5 日	11,000	6,500
ヨウ素 131 (^{131}I)	8 日	160	約 1,760
セシウム 134 (^{134}Cs)	2 年	18	約 47
セシウム 137 (^{137}Cs)	30 年	15	約 85
ストロンチウム 90 (^{90}Sr)	29 年	0.14	約 10
プルトニウム 238 (^{238}Pu)	88 年	1.9×10^{-5}	1.5×10^{-2}
プルトニウム 239 (^{239}Pu)	24100 年	3.2×10^{-6}	1.3×10^{-2}
プルトニウム 240 (^{240}Pu)	6540 年	3.2×10^{-6}	1.8×10^{-2}

注：ペタは 10^{15} であり千兆。
（出典：環境省，放射線による健康影響等に関する統一的な基礎資料「第2章 放射線による被ばく，2.2 原子力災害，チェルノブイリ原子力発電所事故と東京電力福島第一原子力発電所事故の放射性核種の推定放出量の比較」[1] より作成）

セシウム134とセシウム137の放射能比は1.2：1の比率となっていますが、その後の多くの研究から事故発生時におよそ1：1の放射能比で放出されたと考えられています。さらに事故後7年を経るとセシウム134は最初の量の10分の1以下に減少します。その後は半減期の長いセシウム137の汚染が長く続く問題となっています。またセシウム134と137は沸点が671℃と核燃料が溶融した状態では気体になり、その後温度が下がり融点の28℃以下になると粒子状になるため、大気中では放射性セシウムの多くが微小な粒子状となり、風に乗って拡散したと考えられています。福島原発事故の場合、放射性のプルトニウム（^{238}Pu、^{239}Pu、^{240}Pu）やストロンチウム（^{90}Sr）などは、放出量がきわめて少なかったために大きな問題にはなっていません。また、キセノン133はセシウム134や137よりもはるかに多くの量が

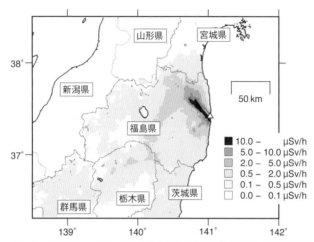

**図1.1　航空機モニタリングにより作成された福島県と周辺の空間線量率
マップ**（2012年6月24日の値に壊変補正[1]済み。山形県、新潟県は測定
されていない）
（出典：原子力規制委員会「第5次航空機モニタリング及び福島第一原子
力発電所から80 km圏外の航空機モニタリング結果」[3] より作成）

放出されましたが、半減期が5日で非常に短く不活性な気体で
あるため、人体や環境への影響は小さいと考えられています。

福島原発事故は1986年に起きたチェルノブイリ原発事故と
しばしば比較されます。国際機関の尺度によれば、いずれもレ
ベル7の深刻な事故でしたが、放射性核種の放出量で比較する
と、福島原発事故でのヨウ素、セシウムの放出量はチェルノブ
イリ原発事故の数分の一以下、ストロンチウムやプルトニウム

---

1)　壊変補正（decay correction）は、崩壊補正（disintegration correction）とも言
います。これを減衰補正（decay correction）と記述している例も多くあります。
環境放射能の分野では、減衰という用語を二つの異なる意味で用いることがあ
るので、本書では誤解を避けるために、減衰補正という用語を壊変補正の意味
では使わないことにしました。p.17の脚注も参照して下さい。

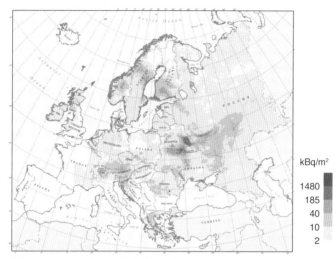

図1.2　チェルノブイリ原発事故後の欧州の放射性セシウム（セシウム137）の分布マップ（チェルノブイリ原発事故だけでなく過去の核実験由来（グローバルフォールアウト：4.4節を参照）を含む）
（出典：European Environment Agency のページより提供されている Joint Research Centre 所 有 の 地 図 を 利 用。With courtesy of De Cort, *et al.* (1998)："Atlas of Caesium Deposition on Europe after the Chernobyl Accident", EUR report nr. 16733, EC, Office for Official Publications of the European Communities, Luxembourg[4]）

は100分の1から数1,000分の1で少なかったことがわかります（表1.1）。また福島原発事故により汚染された面積は、欧州を広く汚染したチェルノブイリ原発事故より数段小さいものでした（図1.1、図1.2）。

　放出された放射性物質は、そのときの大気の流れに従って空気中を漂い移動しました。放出量が刻々と変化する中、放出時の天候・風向きに大きく影響され、大部分（セシウム137の場合約80％）は海上へと流れていきましたが[2]、東日本を中心に陸地も広く汚染されました。特に汚染が顕著であったのは、3月

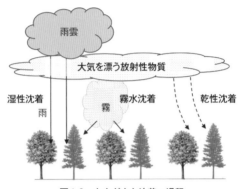

図1.3　さまざまな沈着の過程

　15日の午後の風と雨によって主に汚染されたと考えられる、福島第一原発から北西方向に帯状に延びた地域です（図1.1）。

　陸地の汚染は、主に沈着と呼ばれる大気から地表へ放射性物質が落ちてきて地表のものに付着する現象によって引き起こされました。また、放射性物質の降り積もった量を沈着量と呼び、沈着量が多いほど放射性物質により強く汚染されたことを意味します。沈着はその過程により大きく二つに分けることができます。雨などの降水の落下に伴って起こる湿性沈着と、大気中を漂った放射性物質の微粒子が樹木の葉や地表などにぶつかって付着する乾性沈着です（図1.3）。そのほか、霧による霧水沈着もあります。沈着量が多かった地域では、沈着の大部分が湿性沈着によって引き起こされたと考えられています[5][6]。

　広範囲にわたる汚染地域を把握するために、一般に航空機モニタリングと呼ばれる航空機を用いた広域調査が行われました。航空機モニタリングでは、地上からのガンマ（γ）線を計

測します。それを地上での観測を用いて補正を行い、マップを作成します。航空機モニタリングで汚染の空間的分布が明らかになり、原発からの距離が10〜80 km圏内の地域であっても、空間線量率が低いところでは0.1 μSv/h前後であるのに対し、原発から北西方向の高汚染地域では50 μSv/hを超える地点もありました。また、放射性セシウムの事故直後の沈着量としては、10 kBq/m² (k = キロ = 10³) を下回るところから、高線量地点では10 MBq/m² (M = メガ = 10⁶) と1,000倍以上の開きがあることが明らかとなっています。航空機モニタリングは、一般の方に汚染の空間的広がりを可視化して提供するだけでなく、調査地点の大まかな汚染度の指標として研究者にも広く活用されました。

1.2 福島にある森林の特徴

福島は日本の中でも森林が広く分布する地域です。

日本の陸域はおよそ67%が森林に覆われています（図1.4）。福島県の森林率はおよそ71%で日本の平均より高く、森林面積は97万ヘクタール（竹林・無立木地を含む）、そのうち人工林（人の手で植林し手入れをしている森林）が約34万ヘクタール、天然林（自然の力で発芽し育っている森林、または人間が長く手を加えていない森林）が58万ヘクタール分布しています[7]。また保有形態別では、国有林が41万ヘクタール、民有林が57万ヘクタールとなっています。

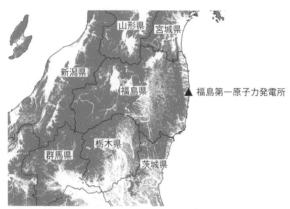

図1.4　福島県およびその周辺の森林の分布（灰色の地域が森林。
県境を黒い線で表している）
（出典：国土交通省、国土数値情報[8]を利用して作成）

図1.5　福島県内の森林の写真（左：スギ林
の内部の様子。右：冬のコナラ林の様子。
落葉樹であるため冬は葉がない）
（出典：IAEA, TECDOC-1927[9]、提供：森
林総合研究所大橋伸太氏）

　樹種は多様ですが、主要なものとしては、常緑針葉樹のスギ・
アカマツ・ヒノキ、落葉広葉樹のコナラなどが広く分布してい
ます（図1.5）。常緑樹とは一年を通じて葉がある樹木を指し、

落葉樹とは秋には葉をすべて落として枝に葉がない状態で冬を
過ごし、春に新しい葉が芽吹く樹木を指します。

　特に、福島県の東側に広がる阿武隈山地の森林では、コナラ
を主としたきのこ栽培のためのきのこ原木生産が盛んでした
が、今回の事故によりコナラ林が汚染されたため、大きな影響
を受けています（6.5節）。

1.3　森林生態系は農地とは異なる独特の生態系

　　森林の時間スケールは数十年から100年です。

　森林は、植物が土壌の上に育つ、という意味では農地と似て
います。しかし、実際には、森林は農地とはさまざまな点で異
なっており、その違いが放射性セシウムの動きに大きな違いを
生んでいます（図1.6）。まず、多くの植物（作物）が一年生で
ある農地に比べて、森林の樹木は数十年から100年以上の長い
寿命を持ちます（永年性）。また樹木は時間が経つにつれ地上
10数メートルから30メートル程度の高さまで成長し、枝葉を
広げることで、地表を覆う複数の層を形成します（巨大性）。
また地表を見てみると、鉱物が風化（水や空気などにさらされ
岩石が細かくなっていくこと）し有機物とまざってできた鉱質
土壌の層の上に、落ち葉や枝などの有機物が堆積する落葉層が
あります。農地では刈った草で農地を覆うマルチングをするこ
とはありますが、自然に作られた有機物の層はありません。ま
た、農地土壌では毎年のように堆肥を入れたり、耕うん機など

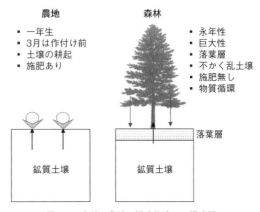

図1.6　森林と農地の構造的違いの模式図

で耕起しかく拌することで人の手によって作土層（農業に活用
される表面付近の土壌）が作られます。一方、森林土壌では土
壌侵食や表層崩壊で地表がかく乱されることはありますが、人
の手で土壌のかく拌が行われることはなく、落葉が上から降り
積もって徐々に分解されながら、微生物や降水などの物理的・
化学的な力で土壌が形づくられていきます（図1.7）。そのため、
農地の作土層の範囲では土壌中のさまざまな物質の濃度は一様
になりますが、森林土壌では物質の濃度や土壌の質が深さに
よって異なります。一般に森林では土壌の深いところほど養分
の濃度が減少する傾向にあります。

　森林ではこのような構造の中で、窒素やリン、カリウムなど
の主要な養分や植物の成長に必要な微量元素（養分）などを循
環させています。例えば、森林に雨が降った場合、雨の一部は
樹木に付着し、残りは直接土壌に入ります。樹木に付着してい

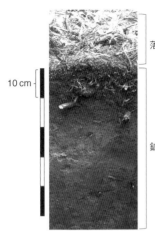

落葉層

10 cm

鉱質土壌

図1.7　森林土壌の断面写真
（上に見える腐った落ち葉や小
枝が積もっている層が落葉層、
下の黒っぽい土が鉱質土壌。鉱
質土壌の中に根が入っているの
も見て取れる）
（提供：森林総合研究所）

た雨の一部はそのまま蒸発しますが、残りはすぐに地表に落ち
たり、少し時間をかけて樹木を伝わって土壌に入ります。土壌
中に入った水も、深く浸透していくものと、樹木によって吸収
されるものがあります。樹木は永年生ですが、成長の過程で葉
や枝を更新するために、古くなった葉や枝を切り離し地表へと
落とします。地表に落ちた葉や枝などの有機物は微生物や土壌
動物の生命を支える栄養源となりながら、それらの生命活動に
よって分解され、一部はすぐには分解しない腐植になって土壌
に蓄積していくこととなります。腐植も毎年少しずつ分解され、
そこから放出された養分の一部は、樹木に再び吸収されること
になります。このように、森林が落葉を通して養分を循環利用
する機能を自己施肥と呼び、森林の大きな特徴となっています。
　人間の関わりの大きさも大きく異なります。農地は植え付
け、施肥、収穫、耕起など一年を通じて人間が大きく関わりま

す。森林も人工林においては、伐採、植林、間伐などが行われますが、何十年という時間スケールの中であり、人の手が入る頻度は農地ほど高くありません。通常は施肥も耕起も行わない、自然の力にまかせる生態系です。また農地がほぼ食物を生産する場であるのに対し、森林の主要な生産物は木材です。短くても10年程度、通常は40〜50年、中には100年を超える時間をかけて育てて木材を収穫します。また、建材、家具、チップ、きのこ生産用の原木などに使われる主要産物の木材の他、きのこ、山菜、漆、和紙、染料、蜂蜜など、地域によってさまざまな副産物が採取されます。

column

あのときを振り返って（1）

「環境放射能」研究者でよかった

量子科学技術研究開発機構グループリーダー　田上恵子

　「環境放射能」研究会の終了翌日、研究所（千葉市）に戻って仕事をしている最中に東北地方太平洋沖地震が発生しました。各所の無事を確認し終わった頃、震源地に近い東北の太平洋沿岸部に押し寄せる大津波の情報が。ただ、運転中の原発も止まったとの報道に、安全装置が順当に働いたものと信じて疑わなかった私は、まさかここまで大きな原子力事故になるとは夢にも思いませんでした。

　炉心が十分冷えないまま翌日には危機的な状況に陥り、3月

15日には関東周辺でも空間線量率が高くなりました。環境放射能屋の性分は悲しいもので、そんなときは環境試料を採取します。特に「何が地上に落ちてくるのか？どの程度なのか？」を知りたいと思いました。これによって事故の深刻さの断片を知ることができます。一方でさまざまなことに対応しなければなりませんでした。飲食物を介した被ばくが懸念されたことから、水道水中に検出された^{131}Iの除去、調理加工による放射性物質の低減、植物表面への収着とセシウムの転流といった研究をする一方、海外との情報交換や政府諸機関への情報提供等々、日々被ばく線量低減のための活動をしました。

　得られた研究結果は、容易に公表できる雰囲気ではありませんでした。メディアの中には環境放射能の専門家（？）が日替わりで登場し、被ばくの恐怖を煽る解説をするたび、日々悶々としました。それでも、今を理解するために環境試料を測定し、将来に役立てるデータをいかに取るかを考え、ひたすら自然と向き合いました。植物を定期的に測ると、事故以前に得られた知見通りの反応を示し、「これならまだ日本も大丈夫。被ばくは低減できる」と思ったものです。ただし、それも汚染が限定的な場所だけ。

　特に福島第一原発から北西方向の地域では、高濃度の放射性プルームが通過し、今、自然がどんなに美しくても、そこには人の生活を脅かす量の放射線が存在する。そう思うと、環境放射能のプロなのに何もできない自分が悲しくなります。せめて、我々の生活環境から、どのくらい被ばくをするのか（したのか）を知りたい。そのためには生データの羅列ではなく、数学モデル評価で使えるパラメータを提供しなくては。それができる「環境放射能」研究者でよかった、と思いました。

　事故から10年。まだ放射線と向き合わないといけません。安心して生活するための情報を提供したい、と思います。

放射能汚染を理解するための
基礎的な知識

この章では、第3章の森林での放射性セシウムの
動きや第5章以降で取り扱う被ばく防護のための
放射能汚染対策など全編を理解する上で必要とな
る放射性物質の基礎的な特性について説明します。

2.1　放射線、放射能、放射性物質の意味

> 放射線を出す能力（放射能）を持つ物質のことを放射性物質と
> 呼びます。放射線には種類がありそれぞれ異なる特徴を持ちます。

　放射性物質は、放射線を出す能力（放射能）を持つ物質の総
称です。原子核が不安定なため、時間とともに電離放射線を放
出しながら壊変することで別の物質（核種）に変化します。放
射線にはさまざまな種類があり、種類によって性質が異なりま
す。また、放射性核種によって放出される放射線は異なります。

　放射線のうち、原発事故と関わりが深い主な放射線はアルファ
（α）線、ベータ（β）線、ガンマ（γ）線の3種類です。α線
とβ線はそれぞれ放射性元素の原子核から放出されるヘリウム
原子と電子であり、粒子放射線とも呼ばれます。一方、γ線は
物質ではなく、レントゲンで使われるX線と同じ電磁波（電磁
放射線）です。放射線の種類による特徴として、物を通り抜け
る能力（透過力）の違いが挙げられます（図2.1）。α線は最も透
過力が低く、紙一枚で止めることができます。β線もプラスチッ
クやアルミニウムの薄い板などで止めることができますが、γ
線は透過力が高く人体も通過してしまい、止めるためには鉛や
鉄の板や厚いコンクリートを必要とします。放射線の種類によっ
て透過力が異なることで、人体に与える影響（被ばく）も異な
ります。α線やβ線は透過力が低いため、放射性物質の近くの
組織に影響を及ぼします。一方、γ線は透過力が強く人体を通
り抜けてしまうこともあり、体内の組織に影響を与えます。

　放射性物質のもう一つの重要な特徴として、時間とともに原

放射線は物を通り抜ける性質（透過力）があります。
放射線の種類によって透過する力は異なります。

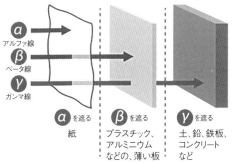

図2.1　放射線の種類と透過能力

(出典：環境省、放射性物質汚染廃棄物処理情報サイト「放射性物質汚染廃棄物とは、放射線の基礎知識、放射線の種類と特徴」[10] より抜粋)

子核が崩壊（別の核種に変化）して放出される放射線が減少するという性質があります。この現象を、放射性壊変[1] あるいは放射性崩壊と言います。放射性物質が一定時間に壊変する確率（割合と考えてもよい）は核種ごとに一定に決まっており、その減り方は指数関数で表現できます。放射性物質が放射性壊変によって元の量から半分になるまでの時間を半減期（物理学的半減期）と呼び、福島原発事故で大量に放出されたセシウム137の半減期は約30年です。例えばセシウム137の原子が10万個

---

1)　放射性壊変は放射壊変、放射性崩壊とも言います。放射性壊変により放射線が弱くなる現象を物理的減衰、物理減衰、自然減衰と言うこともあります。ただし、減衰という用語は、物理学では、物質中を進む流束が媒質によって弱くなる現象に用いられます。放射線の分野でも、放射線が水中を進むときに水分子に衝突して散乱し弱まる現象を放射線が減衰すると言い、減衰が二つの異なる現象を指して使われる場合があります。英語では、前者の放射性壊変はradioactive decay、後者の放射線が物質中を進むときの減衰はattenuationで別の用語が充てられていることに注意して下さい。

あったとすると、その時点で1日に崩壊する原子数は約6個です。その後も一定の割合で崩壊していくと、半分の5万個になるのには約30年かかります（図2.2）。さらに30年経つと、そのまた半分の2万5,000個になります。このようにしてセシウム137の量が半減期30年の割合で減っていくと、放射能が10分の1に低下するのにはおよそ100年、100分の1にまで減るのには200年かかります。物理学的半減期は、核種によって大きく異なります（表1.1）。セシウム137と同じように原発事故で放出されたセシウム134は半減期が約2年と短いので、放射能は14年で100分の1に低下します。また、福島原発事故のときに放射性物質としてセシウム137や134の10倍程度の量が放出されたヨウ素131の物理学的半減期は8日です。事故から2か月経たないうちにヨウ素131の放射能は100分の1以下に低下しており、半年も過ぎるとその影響はほとんど検出できない程度にまで減少しました。

　また放射性物質に関しては、物理学的半減期以外にも生物学的半減期、実効半減期、生態学的半減期などさまざまな半減期があります。

● 生物学的半減期：食べ物などを通じて生物の中に取り込まれた放射性物質が、排泄などの代謝作用によって体外（組織外）に排出され半減するまでの時間を指します。放射性物質ごとに取り込まれた物質が組織に分布する割合は調べられており、排出される割合も一定であるためです。

● 実効半減期：放射性壊変と生物学的半減期の両方を加味した半減期です。

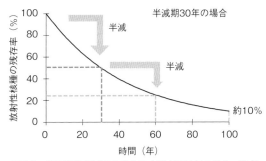

図2.2　物理学的半減期の考え方（半減期30年の場合、30年で50%、100年後には約10%になる）

● 生態学的半減期：生態系内の生物等の放射性物質が、物質循環や流出などの環境の変化によって半減するまでの時間を指します。

放射性物質の壊変に関わる物理学的半減期だけでなく、その他の半減期も物質・生物・生態系によって大きく異なることがわかっています。さまざまな半減期を理解することは、身の回りの放射性物質の量がどのように変化するかを知ることにつながるため、後述する放射線防護の観点から重要です（第5章）。今後断りなく「半減期」と呼ぶときは物理学的半減期のことを指します。

2.2　外部被ばくと内部被ばく

　放射線を浴びることを被ばくと言い、その経路は大きく二つあります。

19世紀末の放射線の発見以来、人類は放射線の有用性を探

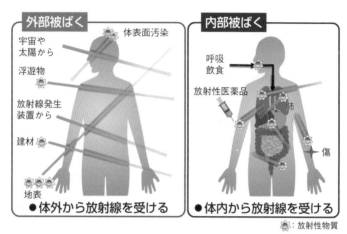

図2.3　外部被ばくと内部被ばくの模式図（体が放射線を受けるという点は同じ）
（出典：環境省、放射線による健康影響等に関する統一的な基礎資料「第2章放射線による被ばく、2.1 被ばくの経路、外部被ばくと内部被ばく」[1]より作成）

究し活用する一方、放射線が人体に及ぼす悪影響が問題となったことから、放射線の危険性を明らかにするための研究も行われてきました。その結果、放射線から人を守る「放射線防護」という考え方が確立されました。人間や他の生物が放射線を浴びることを「被ばく」と呼び、被ばくの程度によって直ちに体の組織がダメージを受けることで機能に影響（確定的影響）が出たり、直ちに影響はないものの、後にガンになる確率が高まったり（確率的影響）します。被ばくの経路は、体の外からと体の中からの大きく2種類に分けることができ、体外にある放射線源から放出された放射線による被ばくを「外部被ばく」、体内にある放射線源から放出された放射線による被ばくを「内部被ばく」と言います（図2.3）。

　より細かく見ると環境に放出された放射性物質はさまざまな経路によって人体に被ばくを引き起こしますが、事故直後のプルーム通過時の被ばくを除けば、放射性物質が降った後の環境からの被ばく経路として注意すべきものは、

(1) 周辺環境 (土壌など) に含まれる放射性物質からの外部被ばく

(2) 放射性物質に汚染された食品や飲料水を摂取することによる内部被ばく

の二つです。他にも放射性物質を含んだ粉塵を吸うことによる内部被ばくも注目されましたが、上記二つの被ばく要因と比較すると影響は小さいとされています。

2.3　ベクレル (Bq) とシーベルト (Sv)：放射能と被ばく線量の単位

　　それぞれ、放射性物質の量と、人体に与える放射線影響の強さを表す単位です。

　放射能についてベクレルとシーベルトという言葉をよく聞きます。これらの違いは何でしょうか。

　放射線を放出する能力 (放射能) を持つ物質が放射性物質であることを2.1節で説明しました。その放射能の強さ (量) を表す単位として、ベクレル (Bq) が使われます。ある放射性物質に含まれる放射性核種の原子核が1秒間に1個の割合で崩壊する場合に、その強さを1ベクレルと定義しています。ベクレルは物理的な量であり、ゲルマニウム半導体検出器やヨウ化ナト

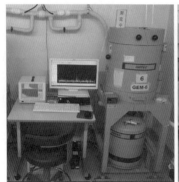

(a) ゲルマニウム半導体検出器　　(b) ヨウ化ナトリウムシンチレー
　　　　　　　　　　　　　　　　　　ション検出器

図2.4　放射性セシウムなどの放射性物質の量を測る機械（著者撮影）

リウム（NaI）シンチレーション検出器などの装置（図2.4）によって、遮蔽された容器の中に置かれた測定サンプルから放出されるガンマ線を数えることで測定することができます。放射性核種が単位時間ごとに壊変する割合は一定なので、ベクレルは放射性物質の量とみなすことができます。原発事故以降、森林をはじめとした生態系での放射性セシウムの動態を知るために、私たちは放射性物質の量であるベクレル数を調べ続けています。

　これに対して、放射性物質から放出される放射線によって人体が受けるダメージ（被ばく）の強さの単位としてシーベルト（Sv）が用いられます。被ばくの強さは、放射性物質の種類や量、放射性物質からの距離や間の遮蔽物の存在などによって変わることに加え、放射線を受けるヒトの年齢、人体の部位などによっても異なります。シーベルトは、ヒトを被ばくから守るための放射線防護の視点から、健康への影響を評価できるよう

するために考え出された単位です。シーベルトで評価された放射線量が同じであれば、放射性物質の種類や被ばくの経路が異なっていてもヒトの健康への影響も同じと考えられます。

　人体の放射線被ばくの影響を評価する場合、臓器ごとの被ばく線量 (等価線量と言います) を見る場合と人体全体での被ばく線量 (実効線量と言います) を見る場合があります。どちらも単位はシーベルトとなるため混同しやすいのですが、福島原発事故による環境中の放射性セシウムによる被ばくを考える場合、人体は部位・臓器によらずある程度均一に被ばくすると考えられるため、実効線量を意図している場合が多いと思います[2]。実効線量は各臓器の等価線量からそれぞれ重み付けをした係数 (組織荷重係数) をかけた値の合計値として導くことができます。ただ実際に実効線量を直接測定することはできないため、後述するような他の測定値を代用したり、既知の係数を用いたりしています。より詳しい解説が、復興庁 (放射線リスクに関する基礎的情報)[11]や環境省 (放射線による健康影響等に関する統一的な基礎資料)[1]のホームページから見ることができます。

　外部被ばくによる実効線量を実用的に評価するために、サーベイメーターを用いて測定した空間線量率 (周辺線量当量) や個人線量計を用いて測定した個人線量当量が用いられます (図2.5)。どちらも実効線量よりは安全な側に高い値が出るように

---

2)　等価線量は特定の組織への影響を調べるときに使いますが、放射性セシウムによる被ばくは外部・内部どちらの被ばくでも特定の組織に強く影響する訳ではないため、全身の被ばく線量として実効線量が一般に使われています。一方、放射性ヨウ素は甲状腺に集まりやすい性質があるので、等価線量を調べることが重要です。

（a）空間線量率計　　　　　　　（b）森林内での測定

（c）個人線量計　　　　　　　（d）個人線量計の装着例

図2.5　さまざまな線量計とその使用例　（(a) サーベイメーター（空間線量率計）、(b) 森林内での空間線量率の測定。高さのわかるポールを用いて一定の高さで測定する。(c) 個人線量計、(d) 個人線量計の装着例。こちらの個人線量計はクリップのついた側を体の外側に向けて装着する）
（提供：(a)(b) は森林総合研究所坂下渉氏、(c)(d) は著者撮影）

なっています。外部被ばくは、放射線が発生している場所に滞在している時間にも影響されるので、単位時間当たりの空間線量率も評価に利用し、空間線量率の単位を用います（6.1節）。空間線量率の基本単位は1時間当たりのシーベルト（Sv/h）となりますが、原発事故前に日本の人々が暮らしていた環境下では、毎時1シーベルト（1 Sv/h）の100万分の1に当たる毎時1マイクロシーベルト（1 μSv/h、マイクロは 10^{-6} = 100万分の1）を超えることはありません。そのため、森林を含む日常の暮らしの中では、空間線量率にはマイクロシーベルト（μSv/h）の

単位が使われています。また、内部被ばくについては摂取した食品中の放射性核種の種類や放射性セシウム量（Bq）に応じて被ばく線量を見積もるための最新の係数（実効線量係数、単位はSv/Bq）が国際放射線防護委員会（ICRP、5.1節）により提案されています[12]。より詳しい情報源として省庁や公的機関でパンフレットやテキストを作成しています。巻末のリンク集をご確認下さい。

　本章では、放射性物質とは何か、放射線とは何か、またその単位や測定方法について説明しました。次の章では森林の中での放射性セシウムの動きを見ていきます。

column　　　あのときを振り返って（2）

研究と社会とのかかわり

国際緑化推進センター技術顧問・森林総合研究所フェロー　高橋正通

　2011年3月11日の東日本大震災後、東京電力福島第一原子力発電所が水素爆発を起こし、住民が避難する緊迫した日々が続いた。山村の実態が少しずつ明らかになり、森林に沈着した放射性物質の影響が懸念されるようになった。当時、私は森林総合研究所（森林総研）で林野庁や外部機関との対応、所内の研究調整を行う立場にいた。林野庁からの問い合わせに、チェルノブイリ原発事故の論文などを参考に答えていた。しかし、

研究所に放射能の分析機器はなかった。唯一あったガイガーカ
ウンターを福島の森林管理署に貸し出した。森林の汚染は深刻
らしい。林野庁がゲルマニウム半導体検出器などの機器類と実
験棟改修費用を補正予算で獲得したので、事務方の協力も得
て、施設の設計施工と機器類の整備を急いだ。

　森林総研に放射性物質の専門家はいない。そのため放射線や
原子力の専門機関とたびたび情報交換を行ったが、彼らは森林
や山地、生態系など自然を知らない。改めて研究所内を見わた
すと、林分構造やバイオマス推定、物質循環、木材組織、土壌、
水文、きのこ等の専門家を多数抱えている。毎木調査や伐倒調
査は日常業務である。所内で分野横断の調査チームを編成し
た。伐採も特別に許可され、2011年8月現地調査に向かった。
併せて福島県と協力し、森林除染の試験も行う。放射線の健康
影響が懸念され、当初は管理職を含む年長者が調査にあたっ
た。

　既に公表されていた先行データは樹木の葉や枝の一部を切り
取ったような調査が多かった。森林総研の調査は、常緑針葉樹
と落葉広葉樹の違いを踏まえた放射性物質の林内分布、木材内
部の汚染状況などを福島県内3か所で比較する総合的なもの
だ。緊急性を重視し、研究者は黒子となり、林野庁のプレスリ
リースとして年内に公表された。森林の汚染状況の理解は飛躍
的に進展した。木材内部の汚染はこれまでの学問的常識では理
解できず、専門家からも批判された。一方、森林と木材の総合
的調査は原子力の専門家からは高く評価された。

　プレスリリース後、公的な委員会や検討会などへの参加要請
が増えた。取材や講演会で、新聞記者や市民、会社経営者と直
接対話する機会が多くなった。科学的事実は影響の深刻度、長
期化を予想し、被害者をさらに追い込んだ。原発の安全神話が
崩れたことから、国や科学への不信感が高まった。当初は調査

(a) スギの木材部分の試料採取
　　（福島県川内村、2012 年）

(b) スギの樹皮部分の採取
　　（福島県川内村、2012 年）

(c) 土壌試料の採取
　　（福島県飯舘村、2014 年）

(d) 水生昆虫の調査
　　（栃木県日光市、2012 年）

森林の総合的調査
（提供：高橋正通氏）

に協力的な住民や役場も、対策が進まないことから不満が募った。研究管理者としてできるだけ誠実に対応したつもりだが、被害を被った方々との対話はいつもこころを痛めた。研究成果の活用を働きかけるも、関係機関の意見対立や調整に時間がかかり進まない。研究者の使命である問題解決は、社会や政治の理解なくしては実現しないことを痛感した。

　嵐のような数年が過ぎ、落ち着いて論文が書けるようになったと思う。本書に書かれた内容は環境放射能分野では世界的な成果と言える。一方、福島には未解決な課題が山積している。研究者の継続的な取り組みが解決につながり、福島の未来を明るくすることを期待している。

第3章

森林の中での放射性セシウムの動き

この章では、森林に降下した放射性セシウムが、森林の中でどのように動いてきたのか、その全体像を10年にわたる調査結果に基づいて説明します。

　森林における放射性セシウムは、事故直後に「降下物」として大気から森林に入ってきました。その後、森林の中で、水の動きや落ち葉の動き、また樹木の吸収などによって放射性セシウムが動いていきます。このような生態系の中での放射性セシウムの大きな動き・循環は、農地にはない森林生態系の特徴と言えます（図3.1）。

　事故直後の降下が発生したときから初期にかけては、森林内で放射性セシウムの分布が大きく変化しましたが、事故後10年程度の移行期になると動きが徐々に小さくなりました。そして数十年程度のうちに年単位で見ると放射性セシウムがほとんど変化しないように見える安定（平衡）期に達します（図3.2）。これは放射性セシウムの動きが完全に止まったわけではなく、動く量が小さく、そして例えば樹木が土壌から吸収する量と樹

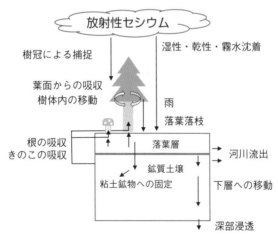

図3.1　森林内の放射性セシウムの大きな動き（矢印は放射性セシウムの動きを表している）

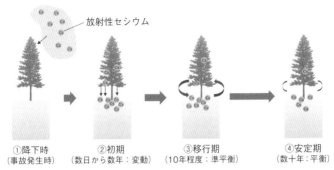

放射性セシウム

①降下時
(事故発生時)

②初期
(数日から数年：変動)

③移行期
(10年程度：準平衡)

④安定期
(数十年：平衡)

図3.2　放射性セシウムの森林内での挙動と時間的変化の概念図

木から土壌へ放出する量が釣り合った状態であり、平衡状態と呼びます。これまでのモニタリング結果から、現在は移行期の途上にあると考えられます。移行期は平衡状態に近づいていることから、準平衡状態と言うこともあります（3.4節）

　それぞれの時期に、具体的にはどのようなことが起こっていたか、詳しく見ていきたいと思います。

3.1　はじめに二つのセシウムの話：セシウム134とセシウム137

　森林の中で放射性セシウムの動きを見ていく前に、セシウム134とセシウム137という二つのセシウムについてお話しします。前章で見たように、福島原発事故で放出された放射性セシウムには物理学的半減期が2年と短いセシウム134と30年と長いセシウム137があり、事故の際におよそ1：1の放射能比で放出されたと考えられています。半減期の短いセシウム134はその後2年で最初の半分、4年で最初の4分の1と、速やかに壊変

して別の核種に変化していきます。それに応じて放射線量も初
期に大きく低減します（詳細は第2章、第6章）。一般に「放射
性セシウム」と言った場合には、この二つの核種を合わせて呼
ぶ場合もありますし、セシウム137だけを表すこともあります。
セシウム134は半減期が短いため、森林の中での年単位での放
射性セシウムの動きを見る場合にはセシウム137を対象としま
す。これは放射性セシウムが移動したのか壊変で減少したのか
わかりにくいこと、長期的にはセシウム137が残るためより注
視すべきであること、セシウム134と137が森林内で動くメカ
ニズムは全く同じであること、が理由です。この章では、年単
位の森林の中での動態を議論するために、セシウム137を「放
射性セシウム」と呼んで森林の中での動きを見ていきます。

3.2　事故後初期の放射性セシウムの大きな分布変化

　森林に降った放射性セシウムは事故後数年間が最も大きく
動きます。

3.2.1　森林に降った放射性セシウムの多くは最初は枝葉に捕らえられた

　森林の樹木は樹高が10〜30 mに達し、木の幹から枝葉を張
り出して光や雨を受け止める層（樹冠）を形づくっています。
葉は太陽光のエネルギーを効率よく捕らえるため、地表を覆う
ように広がります。特に人工林の主要な樹種であるスギやヒノ
キは枝葉を何層にも重ねて広げるため、上空から降ってきた放
射性セシウムを捕捉しやすい形状と言えます。例えば、加藤ら

は事故から5か月が経った時点でも針葉樹のスギ林とヒノキ林
では森林内の放射性セシウムの60%強が樹冠に付着していた
と報告しています[13]。またフランスの研究グループは、スギ
林やヒノキ林に関する研究結果を収集し、樹冠による放射性セ
シウムの平均的な捕捉率を推定した結果、降下した放射性セシ
ウムのおよそ90%程度が事故後数日から数週間の時期に樹木
に付着していたと推定しています[14]。このようにスギ林やヒ
ノキ林に降った放射性セシウムの6〜9割はまず枝葉によって
捕捉されたと考えられます。

　ただし、樹木による放射性セシウムの捕捉割合は樹種によっ
て異なると考えられています。福島原発事故は3月に発生した
ため、放射性セシウムが降下した時点でコナラなどの落葉広葉
樹はまだ葉が開いていませんでした。そのため、葉をつけてい
た常緑針葉樹に比べると、落葉広葉樹は樹冠による捕捉率が低
かったと考えられます。またマツは常緑針葉樹ですが、葉の表
面積がスギやヒノキと比べると小さいため、捕捉率が低かった
と考えられます。森林総合研究所の2011年夏の観測では、ス
ギ林の森林全体に占める樹冠の放射性セシウム保持割合が22
〜44%であったのに対し、アカマツとコナラの混交林では18%
程度でした[15]。

　原発事故で環境中に放出された放射性物質は、非常に小さな
液体や固体の粒子（エアロゾル）となってそのときの風に従っ
て大気中を移動します。そこに雨が降ると多くの放射性物質が
地表に降下沈着します。福島第一原発から北西方向に延びる高
汚染地域はそのようにして生じました。森林の場合には、気象

条件に加え、上に述べたような事故が発生した時点の葉のつき
具合や樹木の密度といった森林タイプの違いによって異なった
影響を受けます。

3.2.2　その後は落葉や雨で林床へと移動

　樹冠で捕捉された放射性セシウムは、降雨、リターフォール、
樹幹流などを通じて林床へと移動していきます。このような放
射性セシウムの移動経路ごとの寄与割合については、初期には
時間経過とともに大きく変化しました。事故後最初の数か月は
林内雨の放射性セシウム濃度が高かったものの、2011年の夏
以降は濃度が低くなりました[16]-[18]。一方、リターフォールや
樹幹流中の放射性セシウム濃度は年単位の時間をかけて徐々に
変化したため、2011年秋以降はこれらの寄与が大きくなりま
した。しかし、寄与率は森林によって異なることが観測から明
らかになっています[17][19]。

　葉や枝の放射性セシウム濃度は雨により洗い流される作用
（洗脱作用）や汚染された枝葉のリターフォールによる脱落、ま
た放射性セシウム濃度の低い新しい枝葉の展開などによって時
間とともに減少していきました。濃度の減少傾向は、初期から
移行期には概ね指数関数的であったことから、半減期（生態学
的半減期）の考え方が適用できます（図3.3）。なお指数関数的
変化は、図3.3のように縦軸を対数で示した場合に直線的に表
現されます。森林総合研究所のモニタリングによると、スギ林
の葉や枝の放射性セシウム濃度は、2015年までの5年間は生態
学的半減期が半年から1年半という速さで低下しました[20]。樹

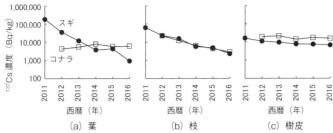

図3.3 スギとコナラの葉、枝、樹皮のセシウム137の濃度変化 (川内村の例)
(縦軸が常用対数であることに注意。葉や枝の濃度は指数関数的に減少し、5年でおよそ100分の1に低下したが (a)(b)、樹皮の濃度減少はスギで3分の1程度に留まり、コナラはほとんど低下していない (c))
(出典:林野庁・森林総合研究所の調査「森林内の放射性物質の分布調査結果について」[21]をもとに作成)

皮は同じ期間で当初の半分以下にまで濃度は低下しましたが、その寿命が葉や枝より長く、また形状的にも放射性セシウムが落ちにくいため、濃度の低下は枝葉に比べてかなりゆっくりとしていました。その結果、事故直後には枝葉より濃度が低かったのですが、数年後には枝葉よりも樹皮の放射性セシウム濃度が高くなってしまいました。また事故当時葉を開いていなかったコナラは、2012年の葉の放射性セシウム濃度がスギやアカマツに比べて低かったのですが、その後目立った濃度の変化は認められませんでした。

事故直後からの樹木–土壌への放射性セシウムの移行を時間的に高頻度でモニタリングした研究からは、移行は単純な指数関数ではなく、速い移行成分と遅い移行成分を二つの指数関数の重ね合わせ (ダブル指数関数) で表現するのが適している可能性を示唆するものもあります[16][17]。これは河川や海洋でも見られる現象で、時間とともに放射性セシウムの移動を駆動す

るプロセスが変化するためと考えられます。

3.2.3　落葉層には長居しない

　初期の急激に変化する時期に樹木から地表に移動した放射性
セシウムは、多くの森林では地表の落葉層に長く留まることは
なく速やかにその下の鉱質土壌に移行しました（図3.4 (a)）。
落葉層の放射性セシウム濃度は、落ち葉や雨により樹木から放
射性セシウムが供給されているにもかかわらず濃度が低下して
いきました。その一方で、鉱質土壌の放射性セシウム濃度は事
故後から増加傾向を示しました（図3.4 (b)）。

　一つの理由には、日本の森林の落葉層が数cm程度で薄いこ
とが挙げられます。チェルノブイリ原発事故によって汚染され
たウクライナ、ベラルーシや北欧を中心とする欧州の国々は、
冷涼で降水量が少ないために有機物の分解が遅く落葉層が厚く
なります（例えば10 cm以上）。そのため、欧州では厚い落葉

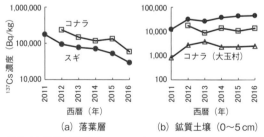

図3.4　落葉層と鉱質土壌（深さ0〜5 cm）のセシウム137の濃度変化（川内村の例）（時間的変化をわかりやすくするため (a) (b) で縦軸のレンジが異なることに注意。鉱質土壌には大玉村のコナラも加えて表示）
（出典：林野庁・森林総合研究所の調査「森林内の放射性物質の分布調査結果について」[21]をもとに作成）

層に放射性セシウムが留まりました。一般に、鉱質土壌中では放射性セシウムは粘土鉱物に強く吸着・固定されて動きにくくなります（次節参照）。しかし、粘土鉱物を含まない落葉層では放射性セシウムは動きやすく植物にも吸収されやすくなります。この落葉層による放射性セシウムの滞留の違いが森林内の長期的な放射性セシウムの動きにどのような影響を与えるかは今後の調査が明らかにしていくでしょう。

3.3　土壌中の放射性セシウム

鉱質土壌には放射性セシウムを表層に留める仕組みがあります。

3.3.1　放射性セシウムの大部分は鉱質土壌の表層に留まる

鉱質土壌に移動した放射性セシウムは主に土壌の浅いところ

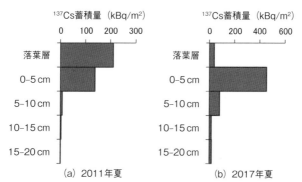

(a) 2011年夏　　　　　　(b) 2017年夏

図3.5　土壌中のセシウム137の深さ方向分布の変化（川内村・スギ林）
（出典：林野庁・森林総合研究所の調査「森林内の放射性物質の分布調査結果について」[21]をもとに作成）

に留まります。図3.5は2011年と2017年に福島県川内村のスギ
林の土壌で観測された結果を示しています。2011年夏の時点
でも一部の放射性セシウムはすでに20 cmの深いところにまで
到達していました。しかし、ほとんどの放射性セシウムは落葉
層と深さ0～5 cmの鉱質土壌に分布しています。2017年までに
は、落葉層の放射性セシウムは鉱質土壌に移行して大幅に減少
し、大部分がいちばん浅い0～5 cmの深さに分布し留まってい
ました。

3.3.2 なぜ土壌表層に留まるのか

　土壌中の浅い場所に放射性セシウムが留まるのは、土壌中の
粘土鉱物がセシウムを強く吸着・固定するためです。土壌中で
のセシウムの吸着・固定メカニズムにはいくつかあり、種類に
よって固定する能力は異なります。一番固定力が弱いのは、土
壌有機物や粘土鉱物の末端にある負電荷に吸着される場合です。
この負電荷は他の陽イオンとの親和性も高いため、容易に吸着
された陽イオンの交換が起こりセシウムは放出されます[22][23]。
　粘土鉱物による固定は、鉱物の種類によって固定能力が異な
ります。大きく分けると、1) セシウム選択性は高いが可逆的
吸着（セシウムを吸着も放出もしてしまう）をする鉱物（図3.6
(a)）と、2) セシウムの選択性が高く固定力も高い（一度吸着
固定すると簡単には再放出しないフレイドエッジサイトを持
つ）鉱物があります（図3.6 (b)）。フレイドエッジサイトはイ
ライト（雲母の一種）やバーミキュライト（土壌改良剤として
使われる）といった一部の粘土鉱物が持つ構造で、イオン体の

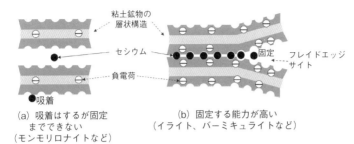

図3.6　土壌中のCs (イオン) 固定の種類
(出典:環境省、放射線による健康影響等に関する統一的な基礎資料、「第4章 防護の考え方、4.4 長期的影響、環境中での放射性セシウムの動き:粘土鉱物による吸着・固定」[1]をもとに作成)

セシウムが一度入り込むと再放出が難しいと言われています。フレイドエッジサイトによる放射性セシウムの固定力を評価するため、放射性セシウム捕捉ポテンシャル[1] (radiocesium interception potential, RIP) という指標が使われています。またRIPが高い土壌では植物 (牧草) の放射性セシウム吸収が抑えられるという研究もあります[24]。この研究では、RIPが低い土壌では放射性セシウムの深部への浸透が速かったことも明らかにされています。土壌の性質は森林内の放射性セシウムの動きに深く関わっていると言えます。

　落葉層や土壌での放射性セシウムの固定に関して、福島でもいくつか研究があります。事故から年数があまり経っていない福島では、有機物による放射性セシウムの保持も重要となっています。鳥山らの研究では、森林土壌の土壌粒子の比重ごとに放射性セシウム量を調べた結果、有機質と見られる軽い粒子は

---

1) RIP:土壌中のセシウムをカリウムよりも優先して固定しようとするフレイドエッジサイト由来の能力を実験によって数値化した指標を指します。

鉱物質の重い粒子より約8倍も高い放射性セシウム濃度を持つこと、また有機質粒子は重量比で1割程度にもかかわらず、深さ0〜5 cmの土壌に含まれる放射性セシウムの4割を保持していることが明らかになりました[25]。有機物が森林より少ない農地で主に研究されたこれまでの結果に対して、有機物の多い森林での研究から、少なくとも事故から数年以内の森林土壌では、粘土鉱物だけでなく有機物による放射性セシウム固定の働きが無視できないことを示唆しています。

　落葉層や土壌中での放射性セシウムの保持状態を詳しく調べた研究もあります。眞中らは落葉層と土壌からの抽出実験を行い、落葉層および鉱質土壌中の放射性セシウム総量に対する交換性セシウムの割合について、事故後約7年間の変化を明らかにしました[26]。彼らの研究結果によると、事故直後の5か月に落葉層、鉱質土壌でそれぞれ10%、6%を占めていた交換性セシウムは、2〜4年後にはおよそ2〜4%に減少し、その後は安定して大きく変化していないことが明らかになりました。土壌中に放射性セシウムが移行して十分な時間が経過しても、有機物や粘土鉱物に吸着固定された放射性セシウムは、すべてが強く固定されてしまうわけではなく、一部は吸着と放出を繰り返し、動きやすく植物にも吸収されやすい形で土壌中に存在する可能性を示唆しています。土壌中で放射性セシウムの固定がどのような速さで進むのか、またどの程度動きやすい状態で平衡状態に達するのかは、今後の樹木による吸収に影響を与えるため、大変注視すべき未解明の課題です。

　放射性セシウムの植物への吸収と土壌中の動きを考える上で

　もう一つ重要なのは主要必須元素の一つであるカリウムです。セシウムとカリウムは同じアルカリ金属の元素で、土壌中では水に溶けてイオン化し交換態となって粘土鉱物や有機物に吸着されたり、一部がイオンとして植物に吸収されます。セシウムはカリウムよりも大きな元素ですが、イオン化すると半径がカリウムに近くなり、粘土鉱物への吸着や植物への吸収で似たような動きをします。カリウムとセシウムは同じ経路を通って根から植物体内に吸収されますが、土壌中に必須元素のカリウムが多いほどセシウムの植物への吸収が少なくなることがわかっています。この性質を利用して、放射能汚染地域の農地では作物への放射性セシウム吸収を抑制するためにカリウム施肥が営農再開の条件にされているほどです。森林でも土壌中のカリウムが樹木の放射性セシウム吸収を抑える効果があることはわかっていましたが、あまり研究例は多くありませんでした。福島原発事故後には、カリウムの効果はヒノキ林でのカリウム施肥実験[27]や、実験室でコナラを用いた試験などで確認されています[28]。また、施肥ではありませんが、コナラ萌芽林（切り株から新たに枝が伸び出て再び成木になった林）での研究から、森林土壌中の交換性カリウムが放射性セシウム吸収に強く影響することが明らかにされています（6.5節）。

　セシウムは生命の維持に必要ではありませんが、安定同位体（放射線を出さない）のセシウム133（^{133}Cs）はもともと地殻や土壌にわずかに（土壌1 gに数μg程度[29]）含まれていました。セシウムは植物の必須元素であるカリウムと化学的に同じような性質を持っているため、土壌や植物体中でカリウムと似た動

きをしますが、完全に同じ動きをするわけではありません。また、事故で放出された放射性セシウムはもともと自然界に存在していた安定同位体のセシウム133に比べると、100万分の1から1,000分の1の極めて少ない量が森林に降下したことも記憶に留めておいて下さい（第4章）。

3.3.3　土壌動物や菌類による放射性セシウムの移動

これまで見てきたように、森林の中での放射性セシウムは、降雨などの水の動きや植物の落葉などにより地上部から地表へ移動します。ひとたび鉱質土壌に到達すると土壌層内での動きは非常にゆっくりしたものになりますが、長い時間の間には水や重力に従って上から下へと少しずつ動いていきます。一方で、土壌では土壌動物や菌類による放射性セシウムの動きも無視できません。例えばミミズは土壌を摂食し、糞として土壌を地表部分に排泄します。このような生物によるかく乱をバイオターベーションと呼びます。福島の森林で十分に定量されたわけではありませんので、森林の中での放射性セシウムの動きにどの程度貢献しているのかははっきりしませんが、ミミズなどの土壌動物の活動によって上から下や逆に下から上へと動かされている放射性セシウムもあるはずです。

菌類の働きも明らかになっています。きのこ（菌類の子実体）の放射性セシウム濃度が高いことは広く知られていますが、これは菌糸の働きにより放射性セシウムが集められることが原因です。菌類にはカリウムを選択的に吸収する性質を持つものが多くあります。化学的に似た性質を持つセシウムもカリウムと

一緒に吸収されてしまうと考えられます。種によりますが、落葉層や土壌の浅いところに広く菌糸をめぐらせている菌類は、放射性セシウムの移動にも一定程度関わっていると考えられています[30][31]。この機能を利用し、汚染された土壌の上にウッドチップを敷いて、自然の菌類の力を用いて汚染された鉱質土壌から放射性セシウムをウッドチップに集め、そのウッドチップを森林生態系外へ持ち出し処理するというマイコエクストラクションという手法も考案されています。回収率は数％となっています[30]。

3.4　樹体内への放射性セシウムの移行

　　樹木内部への取り込みと内部での移動は樹種や環境によって変化します。

　事故直後に直接樹冠や地表に降り積もったり、さらに樹冠から地表に降下沈着した放射性セシウムのうち、一部は樹木の中に取り込まれます。取り込まれる経路は、葉や樹皮に付着した放射性セシウムがそのまま樹体内に取り込まれる経路と、根から土壌中の放射性セシウムを取り込む経路とがあります。実験的に苗木に直接放射性セシウムを吹きかけた実験では総沈着量の25％が根以外の樹体表面から樹体内部に吸収されたという報告もあります[32]。今村らは福島での調査データから、樹体内の放射性セシウムのおよそ半分が根から取り込まれた可能性を示しました[33]。事故直後の放射性セシウムの吸収は表面吸収と根からの吸収の両方の経路がありますが、2〜3年のうち

に大部分の放射性セシウムが土壌に移動するため、その後は根を介した吸収がほとんどを占めることになると考えられます。

　樹体内に取り込まれた放射性セシウムは、樹木の中の水や養分の流れに乗って樹木の中を移動（転流）します[32][34]。また樹木は落葉樹・常緑樹にかかわらず葉を落とします。落葉の前に一部が葉から樹体内へ引き戻されますが、落葉に含まれる放射性セシウムは地表へと移動します。事故直後は複数の吸収経路があったこと、樹木の各部位の中でも葉や枝などが高濃度であったことなどから樹体内の放射性セシウム分布は不均一でしたが、その後の各部位の放射性セシウム濃度は根からの吸収・樹体内の養水分移動・リターフォールによる排出のバランスによって時間の経過とともに変化し、移行期には樹体内の部位間の移動や吸収、排出が釣り合っていきます。

3.4.1　樹体内の放射性セシウムの動き

　樹体内の主要な組織として、木材として利用される材（木部）があります。ここでいう材とは樹木の幹から樹皮を除いたものを指します（図3.7）。木材は建築や紙、きのこ栽培などさまざまな用途で用いられるため、事故後から特に注視され継続してモニタリングが行われました。その結果、材の中の放射性セシウムの濃度の変化傾向は樹種によって大きく異なることがわかりました。例えば、スギでは濃度は微増またはあまり変わらないという観測結果が得られていますが、コナラでは事故後から濃度が大きく増加しました。また、複数のサイトで行われた調査結果を比較すると、同じ樹種であってもサイトによって材の

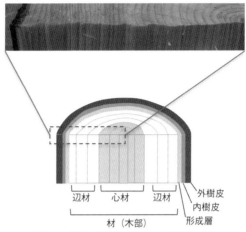

図3.7　木材の構造と木材中の水平分布の図
（写真提供：森林総合研究所大橋伸太氏）

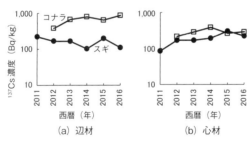

(a) 辺材　　　　　　　　(b) 心材

図3.8　スギおよびコナラの木材中のセシウム137の濃度変化（川内村）
（出典：林野庁・森林総合研究所の調査「森林内の放射性物質の分布調査結果について」[21]をもとに作成）

放射性セシウム濃度には大きな違いが見られました。土壌中のカリウムの状態が樹木の放射性セシウム濃度に影響するという報告があります(6.5節)。またチェルノブイリ原発事故後のヨーロッパで行われた研究では、水成土壌（谷筋など水が停滞して

還元状態になる土壌、hydromorphic soil) や腐植が厚く堆積する土壌に生育する樹木のセシウム濃度が高くなりやすいことが報告されています[35][36]。そのため、同じ樹種の間での放射性セシウム濃度の調査林分による違いは、その林分の放射性セシウム沈着量の違いの他に、生育土壌の性質も大きく影響すると考えられます（詳しい数字は次項）。

　材はさらに外側の辺材と内側の心材に分けられます（図3.7）。辺材は生きている細胞を含んでおり、水分の輸送と樹木全体の機械的支持の機能を持ちます。一方、心材は死んだ細胞でできており、機械的支持の機能のみを有している他、一般に組織が変色して辺材と区別できるという特徴があります。辺材と心材中のセシウムの分布も樹種によって大きく異なることがわかりました（図3.8）。事故から1〜2年間は樹種によらず外側の辺材濃度の方が心材の濃度よりも高いのですが、コナラはその後も心材の濃度が低いままでした。一方、スギは心材のセシウム濃度が徐々に上昇し、ある調査地では心材のセシウム濃度の方が辺材の2倍程度高くなりました[37]。スギは、心材のカリウム濃度が辺材よりも高くなることが知られています[38]。放射性セシウムについてもカリウムと同様に材の内側に移動させるメカニズムがありそうです。そのメカニズムや原因は現在研究が進んでいるところです。

　樹体内の放射性セシウムは、移行期にかけて、森林内の樹木と土壌の間で循環しながら徐々に各部位間の移動量の釣り合いが取れ、見た目には濃度変化がわからなくなる平衡状態に近づくと考えられます。チェルノブイリ原発事故後の国際原子力機

関（IAEA、5.3節）のレポートでは、森林の放射性セシウムは事故後5年程度は大きな分布の変化が起きる初期状態（early phase）とし、その後は徐々に変化が小さくなる準平衡状態（steady state/quasi-equilibrium state）に遷移するとしています[39][40]。福島原発事故後まもなく10年が経過する日本の森林でも森林内の分布量変化は小さくなっており、初期状態を経て平衡状態に近づきつつあると言えるでしょう。

3.4.2 移行係数：樹種によって木材の濃度が異なる

放射能汚染地域における食品による被ばく防護のために、農作物の汚染程度を推定する移行係数（transfer factor, TF）という指標があります。汚染された農作物の放射性物質濃度が、作物の種類や生育する土壌の種類によって違いがあるためです。農作物の場合は、次のように算出されます（図3.9（a））。

$$移行係数\ TF = \frac{農作物可食部の放射性物質濃度（Bq/kg）}{土壌の放射性物質濃度（Bq/kg）}$$

移行係数の考え方は、その後さまざまな環境中の生物による放射性物質の吸収移行にも適用されるようになりました。森林の樹木に対する移行係数を評価する際には、農作物とは異なる面移行係数（aggregated transfer factor, T_{ag}）という指標が用いられ、次の計算方法で算出されます（図3.9（b））。

$$\frac{面移行係数}{T_{ag}（m^2/kg）} = \frac{樹木の放射性物質濃度（Bq/kg）}{単位面積当たりの土壌中の放射性物質蓄積量（Bq/m^2）}$$

農地では耕起・かく拌されるために土壌中の放射性セシウム濃度が深さ方向におよそ均一なのに対して、耕起されることが

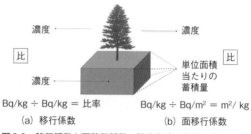

図3.9　移行係数と面移行係数の算出方法と単位の違い（どちらの係数も比率だが、移行係数は分子と分母の単位が同じため、単位は打ち消されてなくなる。一方、面移行係数は分子と分母の単位が異なるため、m²/kgという単位になる）

ない森林土壌では土壌中の放射性セシウム濃度の分布が深さ方向に大きく異なります（図3.5）。また、森林の地表には落葉層があります。そのため農地と同じように土壌を採取して濃度当たりの移行係数を求めると、どの深さから土壌を採取するかによって移行係数が大きく変動することになります。そこで土壌中の放射性セシウム量を単位面積当たりで積算した値（蓄積量）を分母に取り、分子には樹木の放射性セシウム濃度を取った面移行係数で表現します。この移行係数と面移行係数は、定義も単位も違うためそのままでは比較できません。

　またもう一つの注意点として、福島原発事故のように、事故発生から時間が十分に経っていない森林で得られた面移行係数は、必ずしも樹木による土壌からの放射性セシウム吸収を反映していないということがあります。これは吸収だけでなく、直接樹木の表面についた放射性セシウムの影響が大きいためです。森林の樹木の場合は、初期から移行期には面移行係数も10倍以上大きく変化することがあります。

　チェルノブイリ原発事故に影響を受けた欧州の観測データは、国際原子力機関の報告書[40]とCalmon *et al.* 2009[35]にわかりやすくまとめられています。それによると、針葉樹の材で面移行係数が1.5×10^{-3} m²/kg（幾何平均）（調査数 = 31）、広葉樹で3.5×10^{-4} m²/kg（幾何平均）（調査数 = 12）、それらを合わせて平均で1.0×10^{-3} m²/kg（幾何平均）であった、と報告されています。また、調査数は必ずしも多くはありませんが、樹種による違いをはじめ土壌による違い（泥炭土壌で非常に高い）や湿潤状態で高くなることが報告されています。

　福島原発事故後にもいくつか報告があります。大橋らが国際原子力機関のプロジェクトの中で公表されている論文や報告書などからデータを取り出しまとめた結果では、2011年から2015年のデータで、スギやヒノキで10^{-4}から10^{-3} m²/kg程度、マツでは十分にデータがなくデータが複数取られた2015年のデータではスギ・ヒノキと同程度、コナラでは10^{-4} m²/kg程度から10^{-3} m²/kg程度に上昇していました（図3.10）[9]。チェルノブイリ原発事故後の欧州の研究でも報告のあるマツとナラについて面移行係数を比較したところ、マツでは福島の調査で得られた

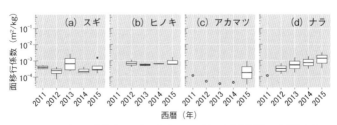

図3.10　福島原発事故後に日本で報告された材の面移行係数の時間的変化
（出典：IAEA, TECDOC-1927[9]）

方が低めの値でしたが、データ数が十分ではないので今後も検証が必要です。マツ以外の針葉樹とナラに関しては同程度でした[9]。

　福島原発事故による森林の林産物への移行に関する研究では、面移行係数に代わる新たな指標も提案されています。面移行係数が地表の沈着量を分母に取るのに対して、新たな指標では生態系全体の初期総沈着量を分母に取ります（図3.11）。まだ定着した訳語が決まっていませんが、本書では正規化濃度（normalized concentration）と呼びます。福島原発事故後には航空機を用いた上空からの放射線量および放射性セシウム量のモニタリング観測が速やかに繰り返し行われました。観測結果はマップとして公開され研究者にも広く使われました。面移行係数を計算するためには土壌の放射性セシウムの蓄積量を測定しなければなりませんが、広範囲の地域で土壌を採取して調査することは簡単にはできません。特に森林地域を広範囲で調査することは困難です。そこで航空機モニタリングのデータを利用し、森林全体の初期総沈着量を分母に取ることで測定地点間の異なる汚染度の影響を除去し、林産物の放射性セシウムの吸収特性を評価する指標として正規化濃度が考え出されました。単位は面移行係数と同じになります。また、十分に時間が経過して森林生態系内の放射性セシウムの大部分が土壌に移行した後は、正規化濃度と面移行係数は近い値になっていきます。現在公開されている航空機モニタリング調査の解像度は250 mメッシュでかなり大きいという点はありますが、土壌の蓄積量がわからない場所の林産物中の放射性セシウムデータを活用し

総沈着量
（航空機モニタ
リングで得られ
る値）

リターと鉱質土壌の
蓄積量
（地上での現地調査
で得られる値）

図3.11 面移行係数と正規化濃度を求める際の分母の違い
（時間が経つと、森林生態系のほとんどの放射性セシウムが
土壌に移行するため、違いはほとんどなくなる）

て比較していくためには有効な方法です。

　面移行係数は、さまざまな地点で測定された樹木の放射性セシウム濃度データをその場の汚染度の影響を除去して比較・とりまとめが可能になるという使い方の他に、逆に面移行係数（例えば1×10^{-3} m²/kg）に、その場の蓄積量（例えば100 kBq/m²）をかけることで、その地点の樹木のおよその放射性セシウム濃度を計算することができます。

3.5 森林外への放射性セシウムの移動

　森林は放射性セシウムを保持する機能があります。

3.5.1 森林からほとんど出て行かない

　森林を流れる渓流水には細片化した落ち葉や水に溶け出したさまざまな物質が微量ながら含まれていて、水とともに森林の系外へ流れ出ています。チェルノブイリ原発事故後の研究により、森林は森林生態系の中で放射性セシウムを保持して、系外

へセシウムを流出させないと言われてきました。しかし、日本の森林はチェルノブイリの周辺地域と比べて地形が急峻な地域が多く、また台風などの影響で一度に大量の雨が降ることが多いため、森林から河川や農地へと放射性セシウムが流出する懸念がありました。そこで福島原発事故後も、渓流水や下流の河川でのモニタリングがたくさん行われてきました。その結果、渓流や河川で放射性セシウムが検出され、濃度は事故直後は高い値を示し指数関数的に低下していく様子が捉えられました。またその減り方は初期には急速に低下し、1年程度経過するとその後は低下のスピードが緩やかになることがわかっています[41][42]。このような放射性セシウムの流出特性は、傾きの異なる二つの指数関数でモデル化されています。

　図3.12は事故の翌年、福島県郡山市の渓流で観測された渓流水の流量とその中の放射性セシウム濃度を示しています。観測2日目に降雨があり、それに伴って渓流の水量が増加し降雨の停止とともに水量が低下しています。そして降雨・渓流水の増加に伴い、渓流水中の放射性セシウム濃度が増大している姿が捉えられています。渓流水が増加する前の平常時には、渓流水中の放射性セシウム濃度は検出限界以下であり、また流量が低下した降雨後も再び検出限界以下に低下しています。この観測結果は比較的大きな降雨によって渓流の水量が増大する際には放射性セシウムが渓流から流出することを示しています。この放射性セシウム濃度の増加をもたらしたのは、渓流水に溶けたイオンの形をした放射性セシウムではなく、濁水中の土壌や有機物の比較的大きな粒子（懸濁物質）に付着する放射性セシウ

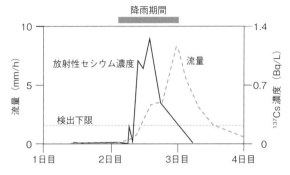

**図3.12　福島県内の渓流で観測された渓流水中のセシウム137濃度と
流量**（出典：篠宮ら2013[45]の図3を改変して引用）

ムであることがわかっています。この観測事例で流量のピーク
より前に放射性セシウム濃度のピークが現れるのも、濃度の高
い粒子が先に流れきったからと考えられます[43]-[46]。

　森林系外への放射性セシウムの流出は、森林のかく乱によっ
ても影響を受けることがわかっています。錦織らは同様の長期
観測を行い、森林伐採（皆伐）によって放射性セシウムの流出
がわずかながら増加したことを明らかにしました[46]。森林伐
採や森林除染など森林に大きく手を加えた場合の渓流水への放
射性セシウムの流出は、渓流と林地の距離や採水する地点にも
影響を受けると考えられます。

　このように汚染地域で渓流水のモニタリングをすると、事故
直後よりも非常に小さくはなっていますが、増水して濁水が発
生するときに渓流水から放射性セシウムが検出されます。しか
しながら森林外への流出については、森林全体の蓄積量に対す
る流出割合という視点も重要です。森林からの放射性セシウム

の流出量を、渓流の流域全体の放射性セシウムの蓄積量と比較すると、比較的事故初期の放射性セシウムが動きやすい時期であっても年間の流出率は流域全体の放射性セシウム蓄積量の1%以下であることがわかっています（例えば、環境省、放射線による健康影響等に関する統一的な基礎資料「第4章　防護の考え方、4.4長期的影響、環境中での放射性セシウムの動き：森林土壌からの流出」[1]）。放射性セシウムが森林から流れ出る量は、傾斜が急で雨の多い日本であっても、森林に降下沈着した放射性セシウムの全量に比べると非常に小さいものだと言えます。とは言え、昨今は記録的な豪雨による大規模な水害が頻発しています。そのような場合に流出割合がどの程度増加するか、引き続き注視してモニタリングしていく必要があるでしょう。

3.5.2　森林火災による放射性セシウムの再飛散はわずか

　これまで見てきたとおり、森林は放射性セシウムを森林生態系の中でごく一部を循環させながら留める性質があります。その森林の中の放射性セシウムを再飛散させる可能性があるとして注視されているのが森林火災です。森林火災が発生すると、地表の落ち葉や樹木が燃え、大気浮遊じん（ダスト）の形態で舞い上がるほか、沸点の低い放射性セシウム（671℃）は気体となり、大気中に放出され他の地域に拡散していくことが危惧されます。また森林内の可燃物が燃焼することにより、森林内の放射性物質の分布状況が変化します。

　チェルノブイリ原発事故後の研究では、人工的に発生させた

図3.13　2016年4月3日に南相馬市で発生した森林火災の跡地（2016年4月11日撮影）
（提供：森林総合研究所金子真司氏）

火災実験や、実際の森林火災の際の調査から、火災によって森林の放射性セシウムが再飛散する可能性が確認されています[47]-[50]。例えば2015年にチェルノブイリの立ち入り禁止区域で起きた2回の大きな火災により、10.9 TBq のセシウム137が大気に放出されたという見積もりがあります[48]。2016年には、1986年の事故の際の高い放射線によって枯死した森（Red Forest）でも火災が発生しました[51]。

　事故後の福島においても、これまでに何度か森林火災が発生しました（図3.13）。金子らは、福島県十万山（浪江町・双葉町）で2017年4月29日〜5月10日に発生した森林火災の延焼地を調査し、調査点数が十分ではないとしながらも、地表の落葉層の放射性セシウム濃度（セシウム134と137の合計）は、非燃焼地よりも燃焼地で高かったことを見出しました[52]。このこと

は、乾燥した有機物でできている地表の落葉層は燃焼しやす
く、燃焼により体積が減少し濃縮したことで放射性セシウム濃
度が高くなったと考えられます。さらに、森林の地表で流出を
抑制する働きを担っている落葉層が消失し灰となることにより、
放射性セシウムの流出が危惧されました。しかし森林内での放
射性セシウムの大きな移動や流出は観察されていません[53]。
近隣のモニタリングポストでの空間線量率の記録にも大きな変
化は見られなかったことが報告されています[54]。

　森林火災は、森林の中で放射性セシウムの循環や分布・固定
状態を変化させ、再飛散や拡散のリスクを高める可能性がある
ものの、実際のリスクは火災の規模（面積）、延焼強度、河川
との距離、生活圏との距離などの条件によって変わると考えら
れます。また、福島で森林火災が発生した際には、放射性セシ
ウムの拡散を危惧する声が住民から聞かれました。そのため、
すでに発生した森林火災跡地でのモニタリングを着実に行って
実態を明らかにし、住民の不安を払拭することが重要です。

　世界的に見ると、森林火災は乾燥地などを中心に落雷などに
よる自然起源のものが多いですが、湿潤な日本における森林火
災は人為によるものが多いとされています。帰還困難区域で
は、一般の人の立ち入りは禁じられているため、森林火災およ
びそれによる再拡散のリスクはあまり高くないと言えるかもし
れません。一方で、森林利用がなくなったため、森林の地表の
落ち葉などの可燃物が増えた場合、火災のリスクが高まること
も否定できません。また気候変動により、樹木の枯死や地表有
機物の分解抑制が起き、地表の可燃物が増える危険も指摘され

ています[47]。森林火災はまず発生を防ぐ取り組みが重要であり、万が一発生した場合の初期消火や延焼防止の備えも欠かせません。加えて、汚染地域での森林火災の発生や延焼を防ぐ取り組みでは、森林火災発生の際には再拡散のリスクなどをしっかりと評価していく取り組みは不可欠と言えます。

3.6 森林の放射性セシウムの将来分布を予測する

将来予測は不確実性を理解して使用すれば強力なツールとなります。

3.6.1 コンピュータシミュレーションで再現、そして予測

これまで見てきたように、放射性セシウムは森林の中で動いており、時間とともに森林内での分布が変化します。そのような放射性セシウムの動きを捉らえるのに用いられるのがモデルです。モデルとは、自然の現象をいくつかの要素やプロセスに分けて構成し、数式で記述し表現するものです。モデルを用いた解析はモデリングやシミュレーションと呼ばれます。福島原発事故後にも、モデリングを通じて森林の汚染状況を解析・予測する研究が行われました[55]-[60]。森林における放射性セシウムのモデリングは、森林の中での放射性セシウムの動きを、樹木の各部位・土壌の各部位の蓄積量とその各部位をつなぐ移動量（フラックス）でつなぎ合わせ、森林内の放射性セシウムの動きを動的に表現したものです。例えば、チェルノブイリ原発事故後に開発され[61]-[63]、福島でも利用された森林内放射性物

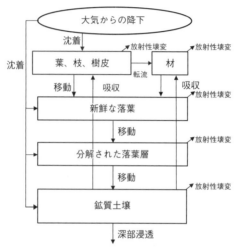

図3.14　森林内放射性物質循環モデルの構造の例
（出典：Hashimoto, *et al.* 2020 [64] の図 S6）

質循環モデル（RIFE1）モデル[57][64]では、直接沈着を受けた葉や枝、樹皮と、直接沈着を受けていない材、土壌表層の落葉層、鉱質土壌に分けて森林を表現し、森林内の放射性セシウムの動きを再現しています（図3.14）。

　モデルの挙動を制御するのは、モデルの構造や、移動量や蓄積量を規定するパラメータ（媒介変数）になります。一般にモデルを構築する際には、モデルの挙動を制御するため、またモデルの結果を検証するために、たくさんの観測データが利用されます。一方で、観測では森林内の放射性セシウムを網羅的に調べることが困難ですが、モデリングではそれらを補って放射性セシウムの動きを捕らえることができるため、放射性セシウムの動きをより統合的に理解することができます。また将来に

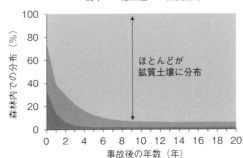

図3.15　森林内における放射性セシウムの分布予測（スギ林）
（出典：Hashimoto, et al. 2020 [64]の図1を改変）

ついてシミュレーションを行うことにより予測ができます。

　橋本らは、福島で観測されたデータを用いて上述のRIFE1モデルのパラメータを調整し、スギ林とコナラ林の放射性セシウムの動態をシミュレーションしました[57][64]。その結果、森林の中では、事故後2年目以降は、ほとんどの放射性セシウムが土壌に移行していくことや、その状態が今後も継続することなどが予測されました（図3.15）。またスギとコナラの木材中の事故後20年間の放射性セシウム濃度について予測を行った結果、スギでは変化無しから微減、コナラでは事故後に見られた放射性セシウム濃度の増加傾向が収まることなどが予測されました（図3.16）。

　また、森林内の放射性セシウムの移動を定量化するために、樹木による吸収量と樹木から土壌への移動量をモデルの出力結果から解析しました（図3.17）。その結果、事故後5〜10年で、樹木から土壌への放射性セシウムの移動（排出量）と、樹木に

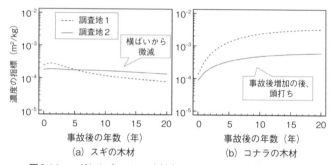

図3.16　スギおよびコナラの木材中のセシウム137濃度の将来予測
（出典：Hashimoto, *et al.* 2020 [64]の図2を改変）

　よる土壌からの放射性セシウムの吸収量が釣り合い、森林の中
の放射性セシウムの循環が定常（平衡）状態に向かうことが示
唆されました。一方で、定常状態に達した後も事故直後の森林
の総沈着量の1%弱の放射性セシウムが森林内を循環し続ける
可能性も示唆されました。

　このように、モデリングを行うことで、現象を理解するため
の重要なプロセスやそれに関わるパラメータの範囲などが明ら
かにできます。これをモニタリングに反映させることで観測を
さらに充実し発展させることが可能になります。福島の森林に
おいても、いくつかのモデル研究が行われました[55]-[59][64]。
モデルの構造による予測結果の違いがあることにも注意が必要
です。橋本らの研究では、仁科らが開発したFoRothCsモデル
によるスギ林の放射性セシウム濃度予測をRIFE1モデルと比
較していますが、概ね同程度ではあったものの、RIFE1より
もFoRothCsの方が大きく低下することが示されています。こ
のような複数モデルを用いた比較はチェルノブイリ原発事故の

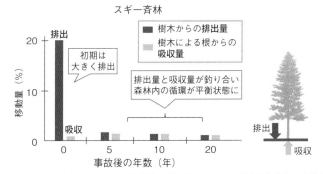

図3.17　モデルで計算された森林内の放射性セシウムの動き（移動量は事故直
後の森林内の量に対する比率で表示している）
（出典：森林総合研究所、令和2年度版研究成果選集「森林内での放射性セシウ
ムの動きを予測する」[66]を改変して引用）

際にも行われました[65]。また、将来予測に関しては、常に新
しく取られたデータを加えて予測が正しかったのか検証し、随
時予測を更新していくことも大切だと考えています。モデリン
グとモニタリングの密接な連携は、現象の理解を深め将来予測
の精度を上げる有用な手段と言えます。

3.6.2　空間線量率の将来予測

　第6章で詳しく解説しますが、森林内の空間線量率は概ね放
射性壊変による低下の予測と一致しています。そこで、福島県
では事故後に毎年行ってきた空間線量率の多点調査データを用
いて、事故後15年、25年後に森林内の空間線量率がどのよう
に変化するかを予測しています（図3.18）[67]。その結果、2011
年度以降継続して調査を行っている362か所の平均値で見ると
2011年8月の調査結果では平均が0.91μSv/h、2020年3月（事

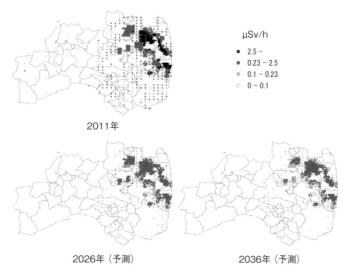

μSv/h

● 2.5 –
● 0.23 – 2.5
◉ 0.1 – 0.23
○ 0 – 0.1

2011年

2026年（予測）   2036年（予測）

図3.18   森林内の空間線量率分布の将来予測
（出典：福島県「令和元年度森林におけるモニタリング調査結果について」[67]
をもとに作成。2019年度の調査結果をもとに放射性壊変による低下を適用した）

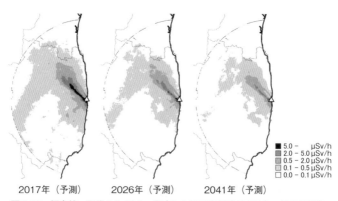

■ 5.0 –   μSv/h
▨ 2.0 – 5.0 μSv/h
▨ 0.5 – 2.0 μSv/h
▨ 0.1 – 0.5 μSv/h
□ 0.0 – 0.1 μSv/h

2017年（予測）   2026年（予測）   2041年（予測）

**図3.19   福島第一原発から80 km圏内における空間線量率分布の将来予測【口
絵参照】**（出典：Kinase, *et al.* 2017[68]、データ提供：日本原子力研究開発機
構木名瀬栄氏）

故後9年)の調査結果では0.20 µSv/h、その後、9年間のデータ
に基づいて予測すると、2026年(事故後15年)には0.15 µSv/h、
2036年(事故後25年)には0.12 µSv/hとなりました。事故の際
にセシウム137とともに放出されたセシウム134(半減期2年)
が事故後数年で速やかに壊変するため、空間線量率の低下はそ
の期間に大きく進みますが、その後は半減期が30年のセシウ
ム137が残るため低下スピードが落ちることを理解しておく必
要があります(第6章)。しかし空間線量率は時間とともに確実
に低下しています。このような確実な空間線量率の低下は、高
汚染地域でも同様に見られます。図3.19は、森林に限らず、福
島第一原発周辺の北西に延びる高線量地域を含む地域の空間線
量率の将来予測結果です[68]。汚染地域の縮小、そして空間線
量率が高い地域でも線量率が低くなっていくのが見て取れま
す。一方で、この北西に延びる地域では事故から30年が経っ
た時点でも、依然として空間線量率が高いことも示されていま
す。

3.6.3　予測結果とどう向き合うべきか?

　この章で見た、森林内の放射性セシウムの動態も空間線量率
の予測も、事故後の実測データに基づき、何らかのモデルを用
いて未来の状態を予測しています。このような予測は実測デー
タに大きく依存しますし、逆に十分な観測データがないと現実
と大きく乖離した予測をしてしまうこともあり得ます。そのた
め毎年調査を続けモデルによる予測が正しいものであるかを検
証・注視し、予測を随時更新していくことが必要です。また広

域評価では、細かい地形や森林の違い、沈着量の違いが反映されていないなど、場所による不均一性が十分に表現されないという問題もあります。さらに、さまざまな林産物の放射性セシウム濃度が同じ調査区の中でも大きくばらつくことはよく知られています。それにもかかわらず、このような広域での放射性セシウム濃度や空間線量率の把握と予測は、森林のように広域にわたる放射能汚染問題において、全体像と見通しを提供する意味で非常に重要です。被災地域の住民や林業を再開再構築しようとされている方には、森林環境と林産物の将来の汚染の見通しは最大の関心事です。予測の不確かさに関する情報も併せて提供され、それも考慮に入れながら予測情報を利用していくことが大切です。

3.7　森林の中での放射性セシウムの動きをまとめると

　この章では森林内の放射性物質の分布と動きを森林の部分やプロセスごとに見てきました。全体を概括すると次のようになります。

　この章の冒頭で述べたように、森林では地上に飛び出した樹木がまず放射性セシウムを捕捉します。その放射性セシウムは数か月から数年以内に地表そして鉱質土壌へと移動していきます。森林によっても異なりますが、数年以内にはほとんどの放射性セシウムが土壌に移動して集積します。森林の中の総量に対してはごく一部ですが放射性セシウムが樹木に吸収されて内部に取り込まれ、またやがて落葉などとして地表に戻るという

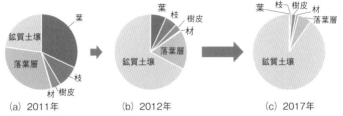

図3.20　森林内での放射性セシウムの分布場所の変化（スギ林の例）
（出典：林野庁・森林総合研究所の調査「森林内の放射性物質の分布調査結果について」[21]をもとに作成）

循環が起こります。放射性セシウムは、土壌中では浅いところに大部分が留まっています。また渓流水を通じて森林外に出ていく量は流域に蓄積している総量に比べると非常に限られていることも明らかになりました。図3.20は2011年、2012年そして2017年にスギ林で観測された放射性セシウムの分布状況を表しています。ここではインベントリ（蓄積量）と呼ばれる単位面積当たりの放射性セシウムの森林内での分布割合を示しています。2011年の時点では葉や枝にも多く捕捉されていた放射性セシウムが1年後には大きく減少し、2017年には大部分が鉱質土壌に移動している姿を捉えています。福島の森林の放射性セシウムの動きは、森林内を大きく動いた汚染初期から、準平衡・平衡のステージに入ろうとしています。

第4章

森林生態系と放射能汚染

この章では、福島原発事故が森林生態系に与えた
影響について見ていきます。

　生態系は二つの見方ができます。一つは、水や光、炭素や養分などのさまざまな物質やエネルギーが循環する一つの系として捉える見方（物質循環）、もう一つはさまざまな樹木や土壌、動物、微生物など、さまざまな動物や植物が同居して環境との相互作用のもとで生息しているという見方です。

　意外なことかもしれませんが、森林の放射能汚染、すなわち森林生態系に入ってきた放射性セシウムは、直接的には森林生態系を大きく変えることはありませんでした。特に生態系の物質循環で移動している物質量（主要な元素）に対して、森林生態系に入ってきた放射性セシウムの量は非常に小さな量でした。しかし、後者の動植物という観点から見た場合、放射線によって微小ながら生物が何かしらの影響を受けた、という報告も多数存在します。さらに見方を変えてみると、汚染地域における人間活動の変化、特に帰還困難区域など人間活動が突然なくなった地域では、さまざまな形で森林生態系に変化を生み出しています。これも間接的な生態系への影響と言えるでしょう。また、別の視点で考えると、森林に入ってきた放射性セシウムは、森林の中の物質の動きを追跡するトレーサーとして利用することも可能です。この章では、生態系に与えた影響や意義について見ていきます。

4.1　放射性セシウムと森林の物質循環

　　放射性セシウムの絶対量は少なく、生態系の物質循環には
影響を及ぼしません。

　森林生態系の中ではさまざまな物質（炭素や窒素、水、養分、
さまざまな元素）が生物・化学・物理的過程を通じて移動／循
環しています。例えば、炭素循環と呼ばれる循環では、まず樹
木による大気中の二酸化炭素の吸収から始まります。樹木は吸
収した二酸化炭素と根から吸い上げた水や養分を用いて光合成
を行い、成長します。成長の過程で樹木の一部は枯死し、地表
へ落ちていきます。地表ではその有機物が分解され、一部は大
気へ二酸化炭素として出ていきますが、残りはその場に留まり
ます。このような炭素の循環の中で一緒に養分も循環していま
す。また窒素やリンなど生命維持活動に重要な元素（必須元素）
に加え、必須とは言えない元素も植物や動物に含まれています
が、炭素と同様に生態系の中を循環します。これらの物質の移
動は植物自身の生理機能、重力、水の移動、生物の作用などに
よって駆動されています。

　福島原発事故によって大気中に拡散した放射性セシウムは、
突発的に森林に入ってきたと言えます（ただし4.4節に述べる
ように以前から存在していたものもあります）。この人為起源
の新しい元素の流入は、森林の中の物質の動きを直接大きく変
えたでしょうか？　結論から言うと、放射性セシウム自体は、
直接的には森林の物質循環を変えるほどの量はありません。放
射性セシウムはアルカリ元素であり、カリウムと非常に似た動

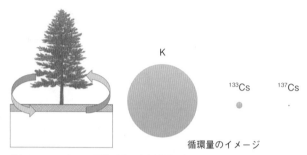

図4.1　セシウムと同族元素であり挙動が似ているカリウム (K) の循環量に対するセシウム133 (^{133}Cs)、セシウム137 (^{137}Cs) の循環量のイメージ (それぞれの循環量のイメージを円のサイズで示したが、実際にはカリウムの循環量に対して、セシウム133の循環量は10万分の1程度、セシウム137の循環量は100億分の1程度で、どちらも見えないほど小さな点になる)

きをします。また森林をはじめ自然界には放射性セシウムの安定同位体であるセシウム133が存在しています。これらは放射性セシウムが森林の中に入って来る来ないに関係なく、森林の中で循環しています。セシウム133に比べると、今回の事故で森林生態系に入ってきた放射性セシウムの量は1,000分の1から100万分の1程度であり、非常に少ないのです (図4.1)。ですので、新たな放射性セシウムの存在がそもそもの元素の動きを変えるほどの影響力はありません。

　一方で、新たに森林に入ってきた放射性セシウムの動きは、先に述べたように森林の中でのさまざまな物質の移動に伴って駆動されており、森林水文学、物質循環学、植物栄養学、測樹学、樹木生理学など非常に幅広い研究分野と関連しています。例えば、葉や枝に付着した放射性セシウムは、葉や枝を経由して地上へ移動する降雨 (森林水文学) や、枯死した葉や枝が地

上へ落ちるリターフォール（物質循環学）を経由して起こります。また地上では、水の浸透や落葉落枝などの枯死有機物の分解により土壌表面から深層に向かって移動していきます（土壌学・物質循環学）。また、樹木の根系により、養分に紛れ込む形で吸収され樹木の中に入っていきます（土壌学・植物栄養学・生理学）。このようなダイナミックな物質の流れに伴う放射性セシウムの動きは、農地生態系には見られない、永年性／巨大性を持った自然生態系である森林の特徴とも言えます。

　多様な生物の存在も森林生態系の特徴と言えます。ミミズや昆虫などの小動物から、大型野生動物にも放射性セシウムが取り込まれています。生物への放射性セシウムの取り込みは、それぞれ生物の食性、生活場所、生活環などに影響を受けます。またミミズによる土壌のかく乱や、大型野生動物の移動などは、少なからず放射性セシウムの移動にも寄与しているとも言えます。

　菌類の取り込みを用いて、土壌から放射性セシウムを回収するという考えも、森林生態系に備わっている生態系の機能を活用した考え方とも言えます。土壌や落葉層そして枯死木では、時折「きのこ」（子実体）として目で確認できる以外に、菌糸として多様な菌が存在しています。菌糸は有機物を分解しそこから栄養分を取り込んだり、樹木の根に入り込んで共生して相互に養分をやりとりしています。この流れに乗って放射性セシウムが動きます。

4.2　食物連鎖の中の放射性セシウム

食物網での生物濃縮は確認されていませんが、一部の生物では高濃度の放射性セシウムが検出されています。

4.2.1　ミミズの放射性セシウム濃度は落ち葉の濃度より低い

　土壌動物であるミミズは、落葉等の有機物とともに土壌を食べて糞として排泄することで森林土壌の物質循環や土壌構造の形成に大きな役割を果たしています[69]。福島原発事故以降、ミミズに関する放射性セシウム動態についての研究がいくつか行われました。森林に沈着した放射性セシウムの大部分は鉱質土壌の浅い層に留まることがわかっています。そのため、土壌を直接食べるミミズが放射性セシウムを濃縮してしまうのではないかと危惧されました。実例として、ダイオキシンなどの有害物質を含む落葉を食べると、ミミズの体内の有害物質濃度は

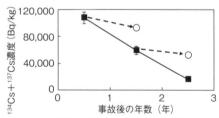

図4.2　川内村スギ林で採取したミミズの放射性セシウム濃度（セシウム134と137の合計）の変化（■は実測値を表し、○は1年前の実測値から放射性セシウムの壊変だけで減少したと仮定した場合の推定値。ミミズの放射性セシウム濃度は放射性壊変による減少よりも早く減少していることがわかる）
（出典：森林総合研究所 2014[72]、原論文は Hasegawa, *et al.* 2015[73]）

落葉中の濃度よりも高まることが知られています[70][71]。さらには、その後の森林内の食物連鎖によって放射性セシウムの生物濃縮が行われるのでは、と注目されました。そこで、長谷川らは、2011年から3年間、定点プロットにおいて毎年ミミズを採取し放射性セシウム濃度を調べました。その結果、ミミズの放射性セシウム濃度は毎年減少傾向を示し、その濃度減少は放射性壊変による減少速度よりも早く進むことがわかりました（図4.2）。

また、ミミズの放射性セシウム濃度を生息域の落葉層や鉱質土壌層の放射性セシウム濃度と比較したところ、ミミズの放射性セシウム濃度は調査を行った三つのすべての調査地で、落葉

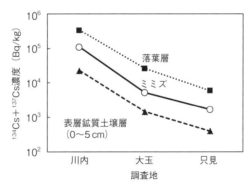

図4.3　福島原発事故半年後に採取した福島県の3か所のスギ林における落葉層、表層鉱質土壌層（0〜5 cm）とミミズの放射性セシウム濃度（セシウム134と137の合計）の比較
（ミミズの放射性セシウム濃度は調査地の汚染程度に応じて変化し、いずれの地点でも落葉層と土壌層（0〜5 cm）の中間的な値を示した）
（出典：森林総合研究所 2014[72] を改変、原論文は Hasegawa, et al. 2013[74]）

層と鉱質土壌層の中間的な値を示すことがわかりました（図4.3）。このため、ミミズによる放射性セシウムの生物濃縮は起きていないと考えられます。

　ミミズが放射性セシウムを濃縮しない理由を調べるため、藤原らはミミズを放射性セシウム濃度が高い土壌で培養した後、放射性セシウムをほとんど含まない土壌に移した場合の濃度変化を調べました。その結果、高濃度の土壌で培養すると、ミミズの放射性セシウム濃度は高まりますが、放射性セシウムを含まない土壌に移すとわずか1日でミミズの放射性セシウム濃度は検出できないレベルまで低下しました[75]。そのため、ミミズが食べた土壌中の放射性セシウムは体内にほとんど吸収されずに直ちに糞として体外に排泄されていると考えられました。その後、ミミズを解剖して調べたところ、ミミズ中の放射性セシウムはほとんどが腸内容物由来であることが明らかになりました[76]。土壌中の放射性セシウムは粘土鉱物に強く吸着されており、ミミズは吸収することができないのかもしれません。

4.2.2　食物連鎖による生物濃縮は起きていない

　ミミズでは放射性セシウムの生物濃縮が起きていないことがわかりました。しかし、生態系の生物群集は捕食−被食（食う−食われる）の関係が連なり、食物連鎖が作られます。さらに実際の捕食−被食の関係は直線的ではなく、複数の生物が入り乱れて複雑な網目のようになるため、食物連鎖は食物網とも呼ばれます。生態系の食物網を介した放射性セシウムの生物濃縮が行われるか検証するためには、一部の生物の放射性セシウム濃

度を調べるだけでなく、食物網の上位および下位に位置する複数の生物について放射性セシウム濃度を調べることが必要となります。渓流の中でも食物連鎖によって下位の小型水生昆虫から上位の大型水生昆虫、そして渓流魚の汚染が懸念されました。河川水中の放射性セシウムは、イオンとして水中に溶けている状態（溶存態[1]）ではなく、微細な有機物や土壌粒子などに付着した状態（懸濁態）で移動していると考えられます。また河川で採取した藻類や落葉の放射性セシウム濃度は、川底の砂よりも高いことがわかっています[77]。そこで、藻類を食べるヒゲナガカワトビケラ科の水生昆虫やさらに小型の水生昆虫を捕食する大型の水生昆虫について放射性セシウム濃度を調べました。その結果、水生昆虫の放射性セシウム濃度は藻類より高くなることはありませんでした。このことから、水生生物の食物連鎖の中でより上位の食物網に放射性セシウムが濃縮される可能性は低いと考えられました。食物連鎖によってセシウムの生物濃縮が起きていないという結果は、水生昆虫に加え陸生昆虫でも報告されています[78]。

　一般に、動物が食物を摂食することで体内に取り込まれた放射性セシウムは、放射性セシウムの物理学的半減期よりもはるかに短い数十日の期間で体外に排泄されます。このような生物による放射性物質の排出を考慮した半減期を生物学的半減期と言います（2.1節）。動物の生物学的半減期が短いのは、放射性

---

1)　一般に水溶液をある目の細かさ（例えば孔径0.45 μm）のフィルターに通した際に、通過した放射性セシウムを溶存態、フィルターに捕えられた放射性セシウムを懸濁態と呼びます。

セシウムが動物の特定の器官と結合したり吸着されたりする性質を持たないためです。したがって、大きく捉えれば、森林の動物や昆虫などの生き物の放射性セシウム濃度は、その生き物が食物を得る環境の汚染程度によって決まります。また、その生き物を汚染されていない環境に移すことができれば速やかに汚染が低下すると考えられます。

4.2.3　大型野生動物に取り込まれる放射性セシウム

　第3章で見たように、森林の植物や土壌、そして先の項で見たように土壌動物や昆虫などの小動物にも放射性セシウムが含まれています。その結果、食物連鎖の上位に位置する大型動物からも放射性セシウムが検出されています。詳しくは第6章で見ていきますが、種によって筋肉中の放射性セシウム濃度の高さや季節性が異なっています。これらは、種による食性の違い（例えば、比較的汚染濃度の高い表層土壌を口にすることがあるかや、その周辺のものを食するかなど）や寿命、そもそもの放射性セシウムの排出能力によって異なると考えられます。

　大型野生動物は食肉としても利用されており、生態系の中での放射性セシウムの循環・拡散という観点に加えて、食品としての規制の問題も出てきます。大型野生動物の放射性セシウム汚染と規制の問題は6.3節で取り扱います。

4.2.4　菌類と放射性セシウム

　放射性セシウムと森林生態系を考える上で、もう一つ無視できないものが菌類です。第3章で見たように、特に事故後初期

の放射性セシウムの大きな動きは、雨や落葉落枝で駆動される部分が大きいですが、その動きが一段落してくると、その他のメカニズムによる移動も目立ってきます。菌類は落葉層や土壌、枯死木の中に菌糸を張り巡らせて、養分や微量元素を取り込みます。3.3節で見たように、例えば土壌部分から落葉層に放射性セシウムを吸い上げて移動させることも起こります。菌糸の機能による放射性セシウムの移動も今後の森林の中での放射性セシウムの挙動にある程度の影響を与えることが予想されます。

　また、人間が特に目にする形態としては、子実体（きのこ）があります。特に里山では野生きのこを採取し食する文化があります。皆さんが秋にスーパーで目にするマツタケもその一つです。詳しくは6.4節に譲りますが、たとえ同じ場所で採取されたきのこであっても、その放射性セシウム濃度はきのこの種類によってさまざまです。きのこの生態や機能はきのこによって異なることは以前から知られていたことではありますが、放射性セシウムの取り込みという指標を通じて、きのこの多様性を垣間見ることができます[79]。

4.3　福島原発事故による森林生態系への影響

　放射線によって森の生き物は直接的間接的にどのような影響を受けたのでしょうか。

4.3.1　生物への放射線影響

　そもそも地球上には多くの天然の放射性物質が存在してい

す。また自然放射線は宇宙からも届いています。そのため、地球上の生物は常に自然の放射線を受けています。しかし、その由来に関わらず高い放射線量を受けると、生物は本来備わっている修復機能を超えて細胞が傷つけられ、形態異常が発生したりさらには死に至るまで、さまざまな影響を受けることが知られています。どの程度の放射線で影響を受けるかという感受性には幅があり生物によって異なります。このような生物への放射線影響は、事故直後に短い時間で相対的に高い放射線を浴びる急性被ばくと、その後の相対的に低くなった放射線を長期にわたって浴びる慢性被ばくに分けられます[80]。また、放射線影響は、遺伝子、細胞、個体、個体群、生態系とさまざまなスケールで考える必要があります。

　2011年の福島原発事故で、森林に棲む動植物が、放射線に影響を受けて何かしらの変化が起きたでしょうか？　影響を報告する論文は虫や鳥、哺乳類や樹木に至るまで多岐にわたります[80][81]。放射線の影響があったという科学論文がたくさん出ている一方で、影響ははっきりしないという意見もあり、未だに議論が続いています[80][82]-[85]。実は福島原発事故よりも25年も前の1986年に発生したチェルノブイリ原発事故においても、未だに放射線影響がどのようなものであったのかのコンセンサスは得られていません[86]。

　福島の森林において、動植物の放射線影響を調査した研究の多くは、福島のさまざまな放射線量の地域で動植物を採取し、形態異常などを調べています。樹木では、モミやマツの形態異常の頻度と空間線量率の強さに相関があったという報告があり

ます[87][88]。しかし放射線量が異なる地域で採取されてはいますが、採取場所が異なることでその他の要因（例えば、土壌や地形、気候、遺伝的特性など）も同時に変わっているため、実際に放射線量が影響を与え形態異常が発生したのかがわからないという問題があります。地震や津波、人間活動がなくなったことなどの影響、事故前のデータが取られていないなどの問題も指摘されています。チェルノブイリ原発事故の際には、非常に強い放射線を浴びたことにより発生した、赤茶色に枯死した「赤い森（Red Forest）」と呼ばれる樹木枯死が見られましたが（図4.4）、福島ではそのような高い放射線はなく、森林の枯死は起きていません。

　今後も、さまざまな要因を考慮に入れた調査設計とより信頼性の高い統計手法を用いるなどして、注意深く観測事例を増やすとともに、実験を組み合わせて放射線影響を特定していくこ

図4.4　Red Forest（右下の白っぽい森林）とチェルノブイリ第4炉の景色（写真奥）（枯死した樹木に加え、2016年に発生した森林火災による延焼のあとも見られる）
（出典：Beresford, *et al.* 2020 [86]）

とが必要でしょう。また一方で、放射線量は時間とともに低下していきます。今後新たに大きな影響が起こる、ということは考えにくいかもしれません[89]。

4.3.2　人間活動なき森林生態系

　放射性セシウムによる直接的影響ではありませんが、帰還困難区域（人がいなくなった地域）をはじめ、人間の森林への関わりが大きく減少したことによる森林生態系への影響が見られます。これには人手が加わらなくなったことによる植生の変化と人間という外敵がいなくなったことが影響していると考えられます。石原らは衛星データを用いることで、帰還困難区域で農地が草地へと変化したことを明らかにしました[90]。また山村から人がいなくなることにより、森林で生息していた動物が、草地化した山里や山里近くの森林にも出没するようになりました（図4.5）。人間による森林利用が減少することや人間が不在となることで、耕作地に樹木が繁茂し、また野生動物の個体数が増加するということも観察されています[91]-[93]。鳥類の多様性が放射線量と比例関係にあったという報告もあります[94]。特に一部の種では、帰還困難区域で最も数が増えているという報告もあります。このような地域における大きな変化は、放射線の間接的な影響とも言えるでしょう。

　1986年に起きたチェルノブイリ原発事故は、福島原発事故のちょうど25年前の同じく春に起きました。最近の研究では、チェルノブイリ周辺では、地域を保護地域としたことやいくつかの種の人為的導入により、現在では多くの野生動物が生息し

(a) ニホンザル　　　(b) ホンドキツネ　　　(c) 車に近づくイノシシ

図4.5　避難指示区域で撮影された野生動物

（提供：(a)(b)ジョージア大学 James C. Beasley 氏、自動カメラによる撮影。(c)福島大学塚田祥文氏）

ていることが確認されています[95]。

　また日本の森林の多くは、人間が何らかの手を入れることで健全性を維持してきた側面があります。人間による森の手入れが行われなくなった今、森林の健全性の維持が問題となってきます。例えば、手入れの行き届かない森林は病虫害が発生しやすくなります。仮に病虫害が発生した場合でも、人間が管理している森林ではいち早く被害木を駆除し、それ以上被害が拡散しないようにすることができます。近年はカシノナガキクイムシという昆虫と *Raffaelea quercivora*（ナラ菌）という随伴菌によって引き起こされるブナ科樹木萎凋病（通称、ナラ枯れ）が全国で流行しています（図4.6）。ブナ科樹木萎凋病は利用せずに大径化したコナラやミズナラの集団枯死被害を引き起こすことが知られています[96]。原木林として利用されてきたコナラが放射能汚染によって放置されることになれば「ナラ枯れ」の大きな被害が発生する危険性があります。また、マツ類の集団枯死（マツ枯れ）を起こすマツ材線虫病も依然として被害を生

じさせています。ナラ枯れもマツ枯れも枯死木が新たな感染源
となるため、被害を抑えるためには枯死木の管理が必要です
（図4.7）。

図4.6　ブナ科樹木萎凋病で集団枯損した広葉樹林
（提供：山形大学齊藤正一氏）

（a）マツ枯れ被害の林　　　　（b）マツ枯れ木の処理作業
図4.7　マツ枯れ被害の林の風景とマツ枯れ木処理作業
（提供：森林総合研究所中村克典氏、福島県外で撮影）

4.4　グローバルフォールアウト：セシウム137は半世紀前から森林生態系の中に入っていた

放射性セシウムは大気圏内核実験のために福島原発事故の50年ほど前より日本に降り注いでいました。これは土壌の動きを知るツールとしても使われてきました。

4.4.1　グローバルフォールアウトとは

福島原発事故により大量の放射性物質が大気中に放出され、森林を含む環境が大規模に汚染されました。これをきっかけに、1986年に発生したチェルノブイリ原発事故についての関心が高まりました。しかし、意外に知られていないことですが、さらにその20〜30年前の1950年代後半から1960年代前半にかけて大量の人為起源のセシウム137が環境中に放出されています。核兵器保有国による大気圏内核実験由来の放射性セシウムです。1980年代までに500回を超える大気圏内核実験が行われ、爆発で成層圏にまで到達したセシウム137はジェット気流で拡散し、北半球を中心に世界中に広く薄く降下しました[97]。セシウム137の総放出量は、チェルノブイリ原発事故は福島原発事故の数倍、大気圏内核実験ではさらにその10倍に及びました。この大気圏内核実験由来のセシウム137などの放射性物質の地表への降下や降下物はグローバルフォールアウトと呼ばれます。

日本では1950年代から気象庁などによりセシウム137の降下量の観測が行われてきました。図4.8は1950年代から現在までのセシウム137の毎月の降下量の推移です。降下量は1963年に

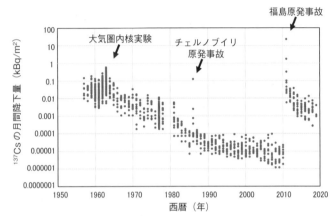

図4.8　気象庁などにより国内各地で観測されたセシウム137の月間降下量
（出典：原子力規制庁「環境放射能データベース」[98]をもとに作成）

ピークを記録し、同年に部分的核実験禁止条約が結ばれて以降、1990年代にかけて急速に減少しています。1986年のチェルノブイリ原発事故で一瞬高くなりましたが、遠く離れた地域であったために、2〜3か月で低いレベルに戻りました。その後、2011年の福島原発事故により1963年のピークよりもはるかに高いレベルに急増し、再び徐々に減少しています。

　伊藤らは、福島原発事故が発生する直前に日本全国で採取された森林土壌試料中のセシウム137を分析して、土壌の深さ30 cmまでのセシウム137の蓄積量が平均で2.27 ± 1.73 kBq/m²であり、北陸から東北の日本海側で蓄積量が多いことを明らかにしました（図4.9）[99]。気象庁などの時系列観測によるセシウム137の累積降下量と異なるかを解析した結果、両者に有意な違いは認められず、半世紀前に降下した大気圏内核実験に由来するセシウム137は、今でもその大部分が森林域に残っている

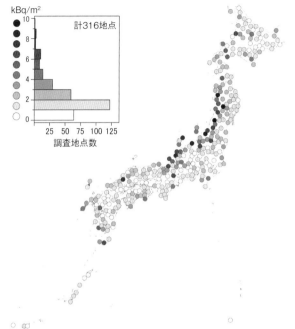

図4.9 福島原発事故前における日本の森林土壌のセシウム137の蓄積量
(2008年10月1日現在の値に補正。左上には蓄積量の頻度分布を示した)
(出典：Ito, *et al.* 2020[99]を改変して引用、提供：森林総合研究所伊藤江利子氏)

可能性が高いことが明らかになりました[99]。降下してから実際に数十年が経過した後においても森林内にセシウム137が残っているという結果は、3.5節で見た渓流水を通じた森林からの流出は小さいという調査結果とも符号します。

　福島原発事故で汚染された地域のうち、福島県東部から中部の比較的汚染度が高い地域では、グローバルフォールアウトよりも福島原発事故起源の放射性セシウムが多いですが、それ以外の汚染度が低い地域では検出された放射性セシウムに占める

グローバルフォールアウト起源の割合も高くなるため、検出された放射性セシウムの解釈には注意が必要です。セシウム134は核実験ではほとんど生成されず半減期も2年と短いので、グローバルフォールアウトには含まれていません。一方、福島原発事故ではセシウム134と137が放射能比でおよそ1：1の割合で放出されたことから、事故から数年以内であれば、セシウム134と137の比率を分析することにより、福島原発事故起源の放射性セシウムの割合を推定することが可能でした。

4.4.2　放射性セシウムを用いて森林内の物質の動きを追尾する

　セシウム137は原子力発電所や核実験で人工的に作られた放射性元素です。またグローバルフォールアウトのように、地球の歴史のある一時期にまとまって森林生態系に付加され森林内に留まります。このような放射性物質は、汚染物質として人の被ばく防護のために注視されモニタリングされるという側面の他に、森林内の物質の動きを追跡するための追尾物質（トレーサー）としても研究に利用されてきました。トレーサー試験とは、ある系の中に容易に検出できる一定量の物質を加え、その系内での物質の振る舞いを観測したり、系全体の物質の動きを探るために使われる研究手法です。特に土壌に吸着され土壌表層に長く蓄積するセシウム137は、1970年代から土壌侵食のトレーサーとして頻繁に利用されてきました。セシウム137の初期沈着からの増減量を長期モニタリングすることにより、地表の土壌がどれだけ侵食され、外部に流出したり斜面内に貯留されているのかがわかります[100]。またセシウム134と137の比

率を用いることで、樹木や菌が落葉層や土壌のどの深さから放射性セシウムを吸収したのかを明らかにするという利用の仕方もあります。上で述べたように、グローバルフォールアウトとして森林生態系内に以前からあったセシウム137と今回の福島原発事故で新たに入ったセシウム137の量をセシウム134の存在割合を参考に識別することも、一種のトレーサー利用です。複数の元素や同位体を用いることでトレーサーとしての応用性を高めることもできます。このように、福島原発事故由来のセシウム137も森林生態系に明らかな痕跡を残し、森林の中の物質の動きを追跡するツールとして今後の研究にも活用されていくという一面があります[31][101][102]。

column	あのときを振り返って (3)

福島事故回顧録

ノッティンガム大学名誉教授　ジョージ・ショー (George Shaw)

　東日本を襲った大地震、そしてその後の津波を忘れることは不可能です。ものすごい波が仙台の海岸沿いを飲み込んでいく恐ろしい光景を、私たち英国人はそれぞれのオフィスや自宅で、日本の9,000 km西から、インターネットやテレビのニュースを通じてリアルタイムで目撃していました。2011年3月の災害の最初の数時間の段階では、この津波の結果としてその後数日にかけて福島第一原子力発電所の一連の爆発を目にすること

になるとは全く想像だにしていませんでした。最初の爆発（1号機）は12日土曜日に起き、第2（2号機）は14日月曜日に起きました。その時点では、週末にかけて状況が明らかになっていく事故を見ながら、私は千葉や青森県六ヶ所村の友人たちにメールを書き、彼らから無事だという返信を受け取って安心しました。英国でのニュースは、原子炉が爆発していくショッキングな映像を放映していました。私はそのとき、これはチェルノブイリ事故時とはとても異なるとはっきりと思ったことを覚えています。なぜなら、世界中の人がそこで起こっているありのままの光景を見ることができたからです。

　1986年、チェルノブイリ事故の年のことを思い出すに、当時の世界は、2011年の私たちが知っている世界とは政治的にも技術的にも違っていました。私は博士課程の最終年で、私の研究では実験条件下で植物やきのこの中の金属や養分を、放射性同位体を用いて測定していました。世界で、「ソビエト連邦のどこかで大きな原発事故が起きているかもしれない」という情報が駆け巡った1986年4月28日、すべてが変わりました。「どこかで」「起きているかもしれない」という言葉を使ったのは、その際、本当に何が起こっていたのか、西側の人間は誰一人知ることができなかったからです。実際にはチェルノブイリ発電所は1986年4月26日に爆発を起こしていました。それは北ウクライナから放射性セシウムの雲がスウェーデンに到達し、警報が鳴り響いた2日前のことです。この雲はその後数日をかけ、大陸ヨーロッパ全体に到達したと考えられますが、その時でも私たちは事故の性質や規模などの情報がなく、そのため緊急対応は非常に困難でした。

チェルノブイリ原子力発電所から3.5 km南東に位置するカバチ村のマツ林でのサンプリング風景
（左がGeorge Shaw氏）
（提供：George Shaw氏、2015年撮影）

　チェルノブイリ事故と福島事故、その原因は全然違います。原子炉は人間が設計し建築したものですので、どちらの事故も人間の活動による結果と言えます。しかし、チェルノブイリは人間の計算ミスによる要素が大きいのに対して、福島事故を引き起こした津波は、私にはほぼ「神の仕業」にも見えてなりません。一方で両方の事故の「結果」は似ているところがあります。チェルノブイリ事故で放出された放射能は福島事故のおよそ10倍である一方、放出された放射性物質の種類やそれが環境に与えた影響は同程度だと思います。しかしながら、福島事故は非常に見える形で発生したこと、また日本の当局が影響を受ける人々を守るために迅速に対策を講じたため、福島事故による健康被害はチェルノブイリ事故に比べると深刻さは小さかったと言えます（おそらく小さいでしょう）。両方の事故による環境影響は、土壌や堆積物のセシウム137による汚染という結果によって知ることができます。この放射性核種は半減期が30年です。いま現在、英国などチェルノブイリ事故の降下物

によって汚染された国々の土壌は、34年前の1986年に降下した放射性セシウムの半分弱が含まれています。時間が経つことによって、最終的には放射性という重荷はほぼ消え去ります。しかし、それには何十年もの時間が必要です。森林などの主要な生態系の中で繰り返し放射性セシウムが再循環している間、非常に少量ですが、ある程度の量が生態系の下流の環境、すなわち河川、沼や湿地、湖、そして海へと移動していきます。ほんの小さな面積であっても、汚染された森林の修復、すなわち除染はとてつもない作業であり、金銭的コストの面や大規模なスケールで森林の落葉層を除去したり木を伐採したりすることにより引き起こされる生態系への望ましくない副作用により、おそらく実行不可能だと思います。したがって、おそらく今後も続く汚染とともに生きていく術を考える必要があるのだと思います。そしてそれは、私たちの森との関わりのどの部分が、セシウム137からの放射線にさらされることにつながるのか理解することだと思います。

　2011年以降、私は日本でたくさんの若い研究者と知り合い、友達になる機会がありました。彼らはちょうど、私にとっての1986年の頃と同じぐらいの、科学者としての若いキャリアステージを迎えていました。彼らのこの9年間の学習カーブは非常に急で、ものすごいスピードで物事を理解していく姿は、まるで1980年代1990年代の私や欧州のたくさんの同僚のようでした。私たちは欧州やソビエト連邦において、チェルノブイリ事故による汚染が森林生態系へ与える影響を研究していたので、何人かは日本の友人たちとその経験を共有しようと努めました。これはとてもうれしいプロセスでした。特に、彼らが何千もの測定を勤勉に、プロとしてこなしていき、そして事故後すぐに調査が開始できたために、オープンでそして皆が十分に

納得できる形で科学が遂行されていく中で、驚嘆するほど素晴らしいデータセットが、私たちがチェルノブイリの後に成し遂げたよりももっと素晴らしい質で収集されていくのを目にしたからです。彼らは今、それらのデータを用いて今後数十年にわたって森林のセシウム137の影響をコントロールするのに非常に役立つコンピュータモデルを構築・改良しています。私は私の日本の仲間たちと交わしたたくさんの会話から、彼らがこの問題にますます素晴らしい科学的理解を深めているだけでなく、彼らが福島事故により人々が受けた苦難への深い理解を持っていること、そして彼らが究極的にはこの苦難の軽減に役立つことを目指して取り組んでいることを確信しています。

放射線防護と基準値

この章では、国際的に合意されている放射線防護
の考え方や、実際に日本ではどのような考えに基
づいて放射線量や放射性物質の基準値を設定し、
運用しているのかを説明していきます。

　第3章では、森林に降り注いだ放射性セシウムの動態について説明しました。第2章で説明したように、放射性物質から放出される放射線は有害であり、その放射線を浴びること（被ばく）から人々をいかに防護していくかが重要です。しばしば健康への悪影響を視覚的に訴えかける大気汚染や水質汚濁とは異なり、放射線は目に見えません。そのことが放射線による健康被害をより一層恐ろしいものという印象を与えているのかもしれません。一方で放射線による健康被害は人体が受けた放射線量（被ばく線量）によってある程度予測できることがわかっています。これには、広島や長崎に落とされた原子爆弾による影響調査データも、被ばく線量に基づく健康被害を評価するために極めて貴重な知見として扱われています。自然由来の放射線もあることから、生きている限り完全に被ばくを避けることはできません。重要なのは一定量の被ばくを考慮した上でバランスの取れた生活を行うことです。このような放射線からの防護の基本的な考え方や方法は、国際的な学術組織によって繰り返し検討され提案されてきました。

5.1　国際的に合意されている国際放射線防護委員会（ICRP）による放射線防護の考え方

> ICRPは放射能汚染による被ばくを状況に応じて合理的に減らすための考え方をまとめています。

　被ばく防護の考え方の基本は、世界中の専門家がボランティアで参加する民間の学術組織である国際放射線防護委員会

（ICRP）によって合意形成が図られ、勧告として報告書が公表されています。各国はそれらをもとに安全基準を法令や指針として作成し、放射線防護の施策に活用しています。ICRPとその前身の組織は、1928年以来人の健康への放射線障害を防ぐための考え方や線量限度について議論を継続し、繰り返し勧告を公表してきました。最新の放射線防護体系に関する勧告[12]（ICRP Publication 103）は2007年に出され、2009年には勧告103の適用について助言するためにICRP勧告109と111が刊行されました[103][104]。しかし、これらはいずれも専門家向けの専門書で理解は難しいものでした。そこで、福島原発事故による放射能汚染を受けたわが国で、ICRP111の解説書が作成されました[105]。以下では、主にこの解説書に従って放射線防護の最新の考え方を説明します。

　ICRP勧告103の考え方のポイントは、次の三つの原則に集約されます。

1．被ばくをリスクと考え、被ばくを伴う活動で得られるメリットがリスク（デメリット）を上回る場合にだけ活動を認めること（正当化）

2．経済的・社会的状況を勘案した上で、被ばくを伴う活動で得られるメリットを最大化させながら被ばくを合理的に低くするために努力すること（最適化）

3．緊急時から回復期を経て平常時に至る被ばくの状況に応じて線量の目標を決めて段階的に被ばくを下げていくこと（線量制限）

　このような考え方は実際に福島原発事故後の国の対策に反映

されています。また個々人も、この考えを取り入れた上で森林の
放射能汚染に対する防護や向き合い方を考えることが有用です。

5.2　森林における放射線防護の考え方

森林においてもバランスよく考えることが重要です。

　ICRPの考え方を放射能汚染が起きた森林に当てはめた場合、
どのようなことが考えられるでしょうか。第2章で述べたよう
に、人の主要な被ばく経路は、土壌など環境に存在する放射性
物質からの外部被ばくによるものと、放射能に汚染された食品
を摂取することによる内部被ばくによるものに大きく分けられ
ます。森林は放射性セシウムが長く留まるため住宅地よりも空
間線量率が高い傾向があります（6.1節）。また森林で得られる
山菜や野生きのこなどの山の恵みは畑の農作物よりも放射性セ
シウム濃度が高い傾向があります（6.4節）。そのため里山や山
村地域で暮らすときには、森林に長時間滞在する場合や野生の
山菜やきのこを食べた場合などによって、そうしなかった場合
よりも多く被ばくしがちになります。そのため年間の被ばく線
量の上限を超えないように（線量制限）、追加被ばくを合理的に
下げる努力が必要です（最適化）。外部被ばくを減らすために、
これまで入っていた山の空間線量率を調べて高い場所での長時
間の滞在は避ける、内部被ばくを抑えるために調理によって食
品の放射性物質量を減らすことなどが考えられます（6.4節）。
　一方で、事故前から山を利用してきた人々にとっては、山が

使えなくなったこと自体が肉体的にも精神的にも悪影響を及ぼす場合があります。山を利用することによる追加被ばくをリスクとして考え、一方で山を利用することで得られるメリットと天秤にかけた上での各人の判断（正当化）が必要となります。福島原発事故直後から行われてきた森林の放射能汚染の実態と動態に関する調査は、そのような最適化や正当化の対策を進めるための客観的な根拠を与えるものとなります。

　個人の追加被ばくを許容したり、推奨することが本書の目的ではありません。しかし、これまで福島原発事故後の国内の意見は放射能による被ばくのリスクが強調されてきたように感じます。ICRPが述べているようにリスクはメリットと天秤にかけた上で、放射線防護の考え方を自分のものとして行動すべきと考えています。

5.3　汚染地域での対策：国際原子力機関（IAEA）の考え方

放射能汚染対策にはそれぞれメリットとデメリットがあります。

　国際原子力機関（International Atomic Energy Agency: IAEA）は原子力の平和的利用を促進し、原子力の軍事利用の防止を目的とした国連傘下の自治機関です。放射性物質のエネルギー利用や軍事利用への監視の役割が注目されがちですが、放射性物質による環境汚染についても報告書をたくさん公表しています。IAEAはチェルノブイリ原発事故発生20年の節目である2006年に、事故による環境への影響と修復について経験を報

告書にまとめて公表しました[39]。その中で、森林への対策についても記述されています。対策は大きく2種類に分けることができ、一つが技術を適用する対策で、もう一つは管理を通じた対策です（図5.1）。前者は、樹木の伐採・除去、落葉層や土壌の除去（除染）、土壌のかく拌、カリウム施肥などが挙げられます。後者は、汚染程度に応じたアクセスの制限（ゾーニング）や汚染された食品の摂取の規制などが含まれます。また実際には両者を用いた中間的な対策もあります。

　二つの対策には、それぞれメリットとデメリットがあることが知られています。例えば、前者の技術を適用する対策の一つである土壌の除去は放射線量の低減にある程度の効果はありますが、一般に莫大なコストと膨大な廃棄物が発生することがわかっており、どの程度の費用対効果があるのかが明らかではないときがあります。また、除染作業員の被ばくの問題もあります。一方で後者は、コストがあまりかからないことがメリットである反面、放射性物質は放射性壊変でしか減少しないため、汚染が一定のレベルに下がるまでには除染をするよりも長い時間を必要とします。どのような対策を適用するにしても、IAEAの報告書に提言されているように、森林に適用できる対策は限られており、かつ効果やコストとメリットを十分に検証してから実行に移すことが重要です[106]。また実行には住民とのコミュニケーションや理解が不可欠であり、合理性だけでは決定できない側面を伴います。

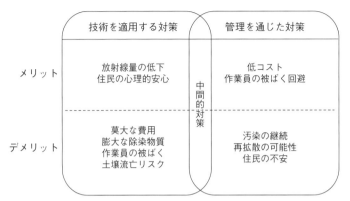

図5.1　対策の種類とメリット・デメリットの概念図

5.4　基準値の考え方

　　日本でも年間被ばく推定量に基づくさまざまな基準値が設定されました。

　放射能汚染による被ばく量を管理するために、日本では ICRP の考え方を取り入れて、年間の被ばく線量を目安にした基準値が作られました。放射能汚染が起きた地域では、個人の被ばく線量を平常時の線量目標である年間1 mSv 以下に抑えることが長期的な目標とされました。しかし、被ばく防護を行う際、汚染程度や汚染後の時間経過により状況は異なるため、一律に厳しい基準値を設定することは現実的ではありません。そこで先述したように、汚染や社会の状況に応じた基準（参考レベル）を設け、段階的に基準を引き下げていくことで現実的かつ効果的な被ばく防護を実現することを目指します（最適化）[107]。なお、1 mSv という数値は、放射線防護措置を効果的に進める

ための目標で、「これ以上被ばくすると健康被害が生じる」という限度を示すものではありません[108]。

5.4.1　空間線量率の基準となる値

　環境からの被ばく防護では、外部被ばくと内部被ばくの両方について考える必要があります。外部被ばくを抑えるためのゾーニングや活動の規制の基準として、年間被ばく線量の制限と屋内外での活動を考慮して算出した空間線量率が用いられました。ここでは森林内の活動にも関わる空間線量率を用いた指標である、(1) 避難指示区域の設定のために使われた基準となる値 (3.8 μSv/h、年間20 mSv)、(2) 生活圏内の除染の目標値 (0.23 μSv/h、年間1 mSv)、そして (3) 除染等の作業において線量管理が必要になる空間線量率の基準となる値 (2.5 μSv/h、年間5 mSv) について説明します (図5.2)[109]。

　(1) 避難指示区域の設定のために使われた基準となる値
　　　(3.8 μSv/h、年間20 mSv)

事故直後は緊急での対策が必要な状況でした。ICRPはそのような状況を「緊急時被ばく状況」と設定し、過剰な被ばくを避ける一方で緊急事態の復旧を進めるため、合理的な被ばく線量の参考レベルとして、年間20～100 mSvという範囲の値を定めています。日本国内では、参考レベルの中で最も厳しい年間20 mSvを居住のための制限としました。生活による外部被ばく線量が年間20 mSv以下となる空間線量率は3.8 μSv/hとなります。この計算では1日のうち、8時間は屋外に、残りの16時間は屋内にいること、また屋内の空間線量率は屋外の4割であ

ることを仮定しています。

(2) 生活圏内の除染の目標値（0.23 μSv/h、年間1 mSv）

　次に、緊急での対策を行うべき段階を経て、汚染は存在する
ものの、影響をさらに抑えることを目標とする状況（現存被ば
く状況）での参考レベルをICRPでは年間1〜20 mSvと定めて
います。そこで長期目標の年間1 mSvを達成するため、除染に
よる生活圏内の空間線量率の目標値として0.23 μSv/hが設定さ
れました。避難指示区域の基準となる値と同じように、1日の
うち8時間は屋外で活動し16時間は屋内に滞在するという仮定
のもとで空間線量率は0.19 μSv/hとなります。さらに事故以前
から存在する自然放射線由来の空間線量率（平均0.04 μSv/h）
を加えることで0.23 μSv/hが導かれます。

(3) 除染等の作業において線量管理が必要になる空間線量率
　　の基準となる値（2.5 μSv/h、年間5 mSv）

　汚染地域において除染などの業務を行う場合の被ばくを職業
被ばくと呼び、公衆被ばくと区別します。職業被ばくは公衆被
ばくよりも多くの被ばく線量を許容する一方で、除染電離則[1]
によって厳重な被ばく線量の管理が必要となります[110]。この
ような線量管理が必要となる業務（特定線量下業務）かどうか
を判断する空間線量率の基準となる値は2.5 μSv/hとなります。
これは年間5 mSvの被ばく線量を管理基準とし、業務時間（週
40時間×50週）で割ることで導かれます。除染電離則の基準と

1）「東日本大震災により生じた放射性物質により汚染された土壌等を除染する
　ための業務等に係る電離放射線障害防止規則」（厚生労働省令第152号、平成24
　年1月1日施行）の略称。

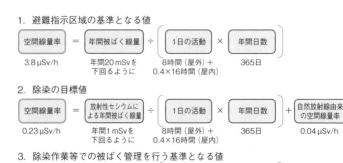

1. 避難指示区域の基準となる値

| 空間線量率 | = | 年間被ばく線量 | ÷ | 1日の活動 | × | 年間日数 |

3.8 μSv/h 　　　　年間20 mSvを　　　　8時間（屋外）+　　　　365日
　　　　　　　　　下回るように　　　　0.4×16時間（屋内）

2. 除染の目標値

| 空間線量率 | = | 放射性セシウムによる年間被ばく線量 | ÷ | 1日の活動 | × | 年間日数 | + | 自然放射線由来の空間線量率 |

0.23 μSv/h 　　　年間1 mSvを　　　8時間（屋外）+　　365日　　　　　　0.04 μSv/h
　　　　　　　　下回るように　　　0.4×16時間（屋内）

3. 除染作業等での被ばく管理を行う基準となる値

| 空間線量率 | = | 年間被ばく線量 | ÷ | 1日の活動 | × | 年間日数 |

2.5 μSv/h 　　　　年間5 mSvを　　　　8時間　　　　250日
　　　　　　　　下回るように　　　　　　　　　　（平日50週）

図5.2　三つの代表的な空間線量率の基準となる値の根拠となる計算式
（出典：林野庁、森林内等の作業における放射線障害防止対策に関する留意事項
等について（Q & A）「基準となる空間線量率について」[109]をもとに作成）

なる値は、森林にも適用され、森林内の除染作業や通常の林業
活動の目安としても用いられています（6.1節）。

5.4.2　食品の基準値——100 Bq/kgの理由

　流通する食品については、内部被ばくを抑える観点から放射
性物質濃度の基準値が設定されています。2012年4月1日より、
一般食品の基準値はセシウム134とセシウム137の合計で
100 Bq/kgと設定されています。これは基準値の濃度の食品を
一定の条件のもとで食べ続けた際の人の年間内部被ばく線量が
1 mSvと推定されたためです（図5.3）。計算にあたり、いくつ
かの仮定があります。コーデックス（消費者の健康の保護、食
品の公正な貿易の確保等を目的とする国際的な政府間機関）や
EUも年間1 mSvの内部被ばくを下回るように基準を定めていま

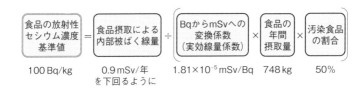

図5.3 一般食品に含まれる放射性セシウム濃度の基準値の計算式
（出典：環境省、放射線による健康影響等に関する統一的な基礎資料「第8章 食品中の放射性物質 8.1 食品中の放射性物質対策 基準値の計算の考え方(1/2)」[1]をもとに作成）

すが、実際の食品の放射性セシウム濃度の基準値は1,000 Bq/kgと日本よりも高く設定されています。これは放射性セシウムが含まれる食品の割合（日本：50%、コーデックス、EU：10%）などの仮定が異なるためです[111]。

　放射性セシウム濃度の基準値に基づいて食品の放射能検査が行われました。検査により、自治体内で該当食品の基準値超えが広く（「地域的な広がり」という言葉で説明されています）認められた場合、出荷制限が課されることとなります。森の恵みである野生きのこ（野山で特別な処理を行うことなく自然に発生するきのこ）や山菜（木の芽やタケノコなど）は他の農産物と比較して放射性セシウム濃度が高く広域で出荷制限が課されています（6.4節）。

5.4.3   8,000 Bq/kg：廃棄物の基準値

　8,000 Bq/kgは廃棄物を安全に処理するための基準です。廃棄物処理に関しては処理物の種類や作業工程などによっても被ばく量が異なると予想されました。そこで、埋立地周辺に住民が生活した場合や、処分場の作業員の作業内容ごとに廃棄物の放射性セシウムから受ける被ばく線量の推定が行われました[112]。なお、作業員の被ばく線量推定では、年間労働時間の半分を廃棄物の作業を行ったと仮定されました。その結果、脱水汚泥等の埋め立て作業の被ばく線量が多いと計算され、この作業での年間被ばく線量を1 mSv以下に抑えるためには、廃棄物の濃度を8,000 Bq/kg以下にする必要があることが確認されました。このため、廃棄物に含まれる放射性セシウム濃度の基準値として8,000 Bq/kgが設定されました。8,000 Bq/kgを下回る場合は一般の廃棄物と同様に処理可能ですが、8,000 Bq/kgを超える場合は指定廃棄物として国が管理して廃棄することになります。

　森林の汚染の場合、樹皮の濃度が高く、製材過程で出る樹皮が廃棄物の基準値を超えることがないように、福島県内では空間線量率に基づいた木材の利用可能な地域の設定が行われました。また、木材を燃やすと放射性セシウムが燃焼灰に濃縮されるため、薪や炭に厳しい基準値が設定されました。これらについては6.2節で説明します。

第6章

森林の放射能汚染が
生活に及ぼす影響

この章では、放射能汚染や汚染による人の被ばくを防ぐための規制が、そこで暮らす人々の生活や社会活動・経済活動にどのような影響を及ぼしたかについて見ていきます。

森林においても、内部被ばく・外部被ばくを抑えるために、第5章で述べたような基準値をベースとしたさまざまな規制が作られました。規制に伴う森林への立ち入りへの影響、木材や野生動物、きのこ・山菜の利用の制限とその影響、そして実施されている対策についても説明します。

6.1　空間線量率の増加による影響

森林の空間線量率は都市部や農地とは異なる挙動を示します。

空間線量率は生活や仕事などの活動に伴って受ける外部被ばくの目安となっており、第5章で述べたような基準値に基づいて立ち入りなどの利用制限がなされています。ここではまず森林内の空間線量率の特徴について説明します。続いて、空間線量率を基準として設定された立ち入りや活動の制限について解説し、最後に空間線量率を下げるための対策である森林除染の効果と限界について述べます。

6.1.1　森林内の空間線量率の特徴

まず、森林内で測定される空間線量率はどのような特徴を持つのか、都市部や農地の空間線量率とはどのように異なるのかについて見てみます。

a．空間線量率の変化は概ね放射性セシウムの放射性壊変に従うが、放射性セシウムの森林内の分布の変化も影響する

森林内の活動に伴う被ばくを考える際、環境中の放射性セシ

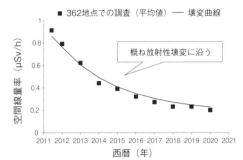

(a) 福島県による362地点の調査結果

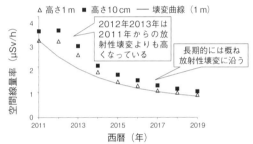

(b) 林野庁・森林総合研究所による調査結果

図6.1 森林内の空間線量率の時間変化((a) の実線はセシウム134とセシウム137の放射性壊変によって空間線量率が変化したと仮定した場合の変化。(b) の実線は2011年の高さ1 mの測定値を基準にした壊変曲線)

(出典：(a) 福島県、森林内における放射性物質調査結果等について「森林環境放射性物質モニタリング調査、放射性物質拡散防止・低減効果説明会資料、令和元年度森林におけるモニタリング調査結果について」[67]をもとに改変して引用、(b) 林野庁・森林総合研究所の調査「森林内の放射性物質の分布調査結果について」[21]をもとに作成)

ウムからの放射線による外部被ばくが主要な被ばく経路となります。そのため森林内の空間線量率の分布とその変化を知ることが重要です。一般に、空間線量率は周辺の放射性セシウムの

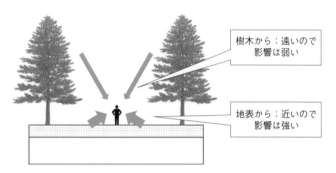

図6.2　森林内の放射線のイメージ（地上高さ1mで測ることが多い空間線量率には、樹木に付着している放射性物質よりも、より近い地表からの放射線の方が強く影響すると考えられる）

量に比例して高くなり、放射性セシウムの放射性壊変によって時間とともに減少します。福島県が2011年から行っている調査結果の中で、県内362地点の森林で行っている定点観測でも、空間線量率が放射性セシウムの放射性壊変に従って減少することが観測されています（図6.1 (a)）。同様の傾向は、林野庁・森林総合研究所の調査でも確認されています（図6.1 (b)）。

　しかし、図6.1 (b) では同じ地点であっても、地表から高さ10 cmの方が高さ1 mよりも空間線量率が高いことを示しています。これは森林の中では土壌に多くの放射性セシウムが蓄積していることが原因と考えられます（図6.2）。また2012年と2013年は、2011年からの壊変曲線よりも少し高い値になっています。これは、2011年は測定高さから距離のある樹木に付着している放射性セシウムが多かったのに対し、2012年と2013年には樹木に付着していた放射性セシウムがより近い土壌に移動したためと考えられます。

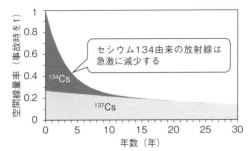

図 6.3　福島原発事故後の空間線量率の放射性壊変による減少予測（事故時のセシウム 134 とセシウム 137 の放射能比は等しく、空間線量率に与える寄与率をそれぞれ 73% と 27% と仮定）

b．放射性壊変による空間線量率の低下（3 年で約半分に）

　もう一つ着目してほしいのは、空間線量率の低下の速さです。放射性セシウムの量は放射性壊変によって減少しますが、空間線量率は放射性セシウム量の減少よりも速いスピードで低下します。例えば、ある場所に降った放射性セシウムが移動せずに放射性壊変によってのみ空間線量率が変化すると仮定すると、事故から 3 年間で放射性セシウム（セシウム 134 とセシウム 137）の量は 65% になりますが、空間線量率は 52% となります（図 6.3）。これは、1 回の壊変当たりで見た場合セシウム 134 がセシウム 137 のおよそ 2.7 倍の強さの放射線を放出するためです。福島原発事故で 1：1 の割合で放出された放射性セシウムのうち空間線量率への影響が強いセシウム 134 が速く減少するため、結果として空間線量率は早く低下します。このような放射性壊変による空間線量率の低下傾向は森林だけではなく、環境中の放射性セシウムについて共通の現象ですが、森林から

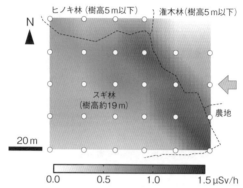

図6.4　森林の中の空間線量率の調査結果例（東側から
放射性セシウムを含んだ空気（矢印）が森林に当たっ
たことで、林縁の空間線量率が高まったと考えられる。
白丸は測定点）

（出典：Imamura, *et al.* 2017[113]のデータをもとに作成、
データ提供：森林総合研究所今村直広氏）

の外部被ばくを考える上で重要な情報です。

c．森林内の空間線量率の分布には偏りがある

　放射性セシウムの空間分布は不均一で時間的にも変化し、結
果として空間線量率にも影響します。例えば、森林の林縁（農
地や住宅地と接している森林の縁）や表土の移動で土砂がたま
りやすいところなどは線量が高くなる場合があります。林縁は
漂ってきた空気中の放射性セシウムを捕捉しやすい位置にある
ため、空間線量率も高くなることがわかっています。図6.4は、
森林総合研究所が行った森林内での多点調査の結果です。狭い
森林の中でも、空間線量率が不均一に分布していることがわか
ります[113]。

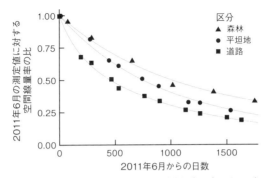

図6.5　土地利用による空間線量率の減少傾向の違い（2011年
6月の値を1として、比で表した。森林は2011年8月に測定
した値を同年6月に壊変補正して基準値とした。森林：福
島県内の362地点、平坦地：福島第一原発から80 km圏内
の人為的なかく乱の少ない平坦な開かれた土地6,577地点、
道路：福島第一原発から80 km圏内の走行サーベイによる。
土地区分ごとに平均値の変化傾向を曲線で近似した）

（出典：森林は図6.1(a)と同じ、平坦地と道路は原子力規制委
員会「平成27年度東京電力株式会社福島第一原子力発電所事
故に伴う放射性物質の分布データの集約事業成果報告書」[115]）

d. 森林の空間線量率は近隣の居住区よりも高い

　森林に降った放射性セシウムのうち、森林外に流れ出る割合
は非常に少ないことがわかっています（3.5節）。また土壌中の放
射性セシウムの多くは表層に留まります。放射性セシウムの分
布が変化せず外部への流出も少ないため、時間が経過しても森
林の空間線量率は概ね放射性セシウムの放射性壊変に従って減
少すると考えられます。このような特徴を持つ森林の空間線量
率を他の土地利用の結果と比較しました（図6.5）。自動車の走行
サーベイによって行った道路上での測定結果や、開けた平坦地
で行った定点測定結果と比較したところ、森林の空間線量率は

時間が経過しても低下しにくいことがわかっています[114]。道路は放射性セシウムが流れやすく、また平坦地でも放射性セシウムは土壌の深い方向に移動したり、除染によって放射性セシウムの量が減少するため、森林以外の土地利用の空間線量率は放射性セシウムの放射性壊変による減少よりも早く減少するという特徴があるためです。

6.1.2　空間線量率に基づく立ち入り制限

a．避難指示区域の設定とその変遷

　福島原発事故が発生した後に行われた、空間線量率に基づく避難指示区域の設定は住民の暮らしや活動に強い影響を及ぼしました。事故直後の被ばく防護のため、まず原発周辺 20 km の範囲は警戒区域に、汚染の多い北西方向の地域は計画的避難区域に設定され、立ち入りが制限（禁止）されました（図6.6）。その後、2012 年 4 月 1 日には住民の帰還や地域の再生復興に向けて、避難指示区域は ICRP の勧告にある年間被ばく線量 20 mSv（3.8 μSv/h、5.4節）を参考に三つの区域に見直されました。まず、年間 20 mSv を下回ることが確実な地域は避難指示解除準備区域として早急な避難解除を目指しました。続いて、年間 20 mSv を超える地域は、居住制限区域として生活（宿泊）を禁ずる一方で除染などの復旧作業を行い、生活基盤の再建を目指しました。そして年間被ばく線量が 50 mSv を超えて、5 年を経過しても年間 20 mSv を超えると予想される地域は帰還困難区域とし原則立ち入りを禁止しました。その後、除染や放射性壊変による放射線の減少により空間線量率が低下したことで、主に避

図6.6　2020年3月時点の帰還困難区域およびその周辺地域（双葉町・大熊町・富岡町の駅周辺区域の一部は避難指示を解除）
（出典：経済産業省「避難指示区域の概念図（2020年3月10日時点）」[117]）

難指示解除準備区域と居住制限区域の避難指示の解除が進み、その範囲は小さくなっていきました[116]。

　しかし、線量が高い帰還困難区域の解除は一部に止まり、2020年3月時点で7市町村にまたがって避難指示区域が設定されています。立ち入りが制限されるのは、住宅地だけでなく森林も含みます。帰還困難区域の森林は、同様に立ち入ることができません。国はさらなる解除のための計画を推進していますが、航空機モニタリングの結果によると未だに空間線量率が10 μSv/hを超える地点もあり、解除のための基準を満たすためには放射線壊変による低下を待つか、さらなる低下のための除染等の対策を行う必要があります。

b．林業活動の基準は毎時2.5マイクロシーベルト以下

　森林内での活動にも規制が設けられています。森林内での作業についても、5.4節で説明したように除染電離則に準じて管理が行われています。すなわち、空間線量率が2.5 μSv/hを超える森林で作業を行う場合は、「特定線量下業務に従事する労働者の放射線障害防止のためのガイドライン」を遵守して被ばく線量の管理などを行う必要があります。さらに、土壌を取り扱う作業の場合、作業場所の土壌の放射性セシウム濃度が10,000 Bq/kgを超えると、特定汚染土壌等取扱業務となり、「除染等業務に従事する労働者の放射線障害防止のためのガイドライン」が適用されます。土壌を取り扱う作業としては、除染作業だけでなく、植栽や保育作業なども含まれます（表6.1）。

表6.1　汚染された森林内の作業の業務区分

作業内容	土壌の放射性セシウム濃度[※1]	空間線量率	区　分
苗木生産作業 植栽作業 保育作業 （補植に限る） 林道開設 災害復旧作業	10,000 Bq/kg を 超える	区分に影響しない	特定汚染土壌等取扱 業務
	10,000 Bq/kg を 超えない	2.5 μSv/h を超える	特定線量下業務
		2.5 μSv/h を超えない	対策の義務はない[※2]
それ以外	区分に影響しない	2.5 μSv/h を超える	特定線量下業務
		2.5 μSv/h を超えない	対策の義務はない[※2]

※1 参照したフローでは空間線量率の測定が土壌の放射性セシウム濃度測定よりも先に行われているが、実際の区分では土壌濃度の結果が空間線量率の結果よりも上位にあるため、便宜的に列の並びを入れ替えている。
※2 フローでは対策の義務はないが、さらに被ばく量を減らすための自主的な取り組みが例示されている。
（出典：林野庁、森林内等の作業における放射線障害防止対策に関する留意事項等について（Q & A）「除染特別地域等で作業を行う場合のフロー図」[109]を参考に作成）

　しかし、実際には可能な限り被ばく量の低減を図った上で、線量管理を行う必要のない空間線量率（2.5 µSv/h以下）のもとで作業に就かせることを原則としています。そのため災害復旧作業等の緊急性が高い作業を除き、2.5 µSv/hを超える地域での森林での作業は控えられています。また、避難指示区域は立ち入りが制限されており、林業活動も行うことはできませんでした。その結果、2012年8月時点で、県内森林面積の13%（13万ヘクタール）が伐採困難になりました[118]。

ｃ．森林への一時的な立ち入りに関する制限はない

　一方でレクリエーションとして森林に立ち入る場合には、避難指示区域への立ち入りを除いて制限はありません。これは外部被ばく線量が空間線量率と滞在時間の掛け算で求まること（図5.2）と関係します。仕事に比べると、レジャーなどによる森林への立ち入りは短時間であり、外部被ばくは小さいと考えられるためです。

　環境省は福島県内でレジャーを行った場合の外部被ばく線量を試算しました（環境省、除染情報サイト「環境回復検討会（第15回）資料4」[108]）。年齢や地域ごとに試算した結果、年間の被ばく線量は多くても0.06 mSvに留まることがわかっています。森林をレクリエーションとして利用した場合でも目標とすべき年間の被ばく線量の上限とされる1 mSvを超えることはないと考えられます。

6.1.3　森林除染

ａ．落ち葉を取り除くと空間線量率が下がる

　事故後の農地では、表層土壌の除去や反転耕（天地返し）によって作物の吸収に関わる表層の放射性セシウムを減らしたり、カリウム施肥による農作物への放射性セシウムの移行を抑えるなど、幅広い汚染対策を行っています[119]。農地は一般に平坦な地形が一面に広がっているため、農業機械などを使って効率的な作業を行うことが可能です。一方、農地と比べて急傾斜で起伏に富み、樹木やその根が不規則に分布する森林では対策は限定的になります。技術的な制限が多い森林では、落葉層の除去（いわゆる森林除染）が主要な技術的な対策となりました（図6.7）。

　森林における除染とは、森林内の汚染された物質を森林系外に運び出すことで行われます。第3章で示したように、事故後から行われたモニタリング調査により、森林内の放射性セシウ

図6.7　森林除染の様子
（出典：林野庁平成23年12月27日プレスリリース[121]
提供：森林総合研究所坪山良夫氏）

ムの多くが事故後数年間で地表の落葉層や土壌表層に移行しました。そこで、森林除染では森林の落葉層（落葉や落ちた枝）を除去する手法が取られることとなりました。ただし森林除染は広大な森林全体を対象としたものではなく、生活環境における被ばくを低減させるため、住宅地や道路など生活圏に接した森林の境界から内側20 mの範囲に限って行われました（環境省、除染情報サイト「森林の除染等について」[120]）。

b. 森林除染の有効範囲は20 m

　森林除染の範囲が20 mに決められた試験について紹介します[121]。試験は郡山市内の針葉樹林と広葉樹林で行われました。森林の斜面中腹に20 m×20 mの試験地を設定し、中心から徐々に除染範囲を広げながら空間線量率の変化を測定しました（図6.8）。図には12 m×12 mと20 m×20 mの除染を行った段階での試験地内の空間線量率の変化割合の分布を示しています。除染範囲が広がるにつれ、空間線量率が低下する範囲も広がったことがわかります。20 m×20 mの除染を行った場合、中心地点の空間線量率は針葉樹林で除染前の約7割に、広葉樹林では約6割に減少しました。ただし、除染範囲を12 mから広げていっても、中心部の空間線量率が下がりにくくなることがわかりました。このように森林除染は空間線量率を下げる効果がある一方、除染の範囲が広がるにつれ効果は頭打ちになります。また除染によって大量の廃棄物が発生することから、効果とコストのバランスを取った値として除染範囲は20 mとされました。

　その後、里山などの日常的に人が立ち入る場所でも森林の除

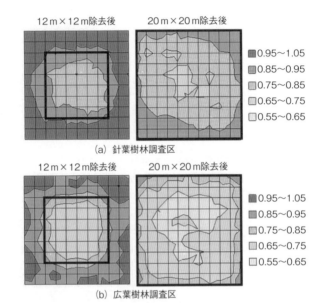

(a) 針葉樹林調査区

(b) 広葉樹林調査区

図6.8　除染範囲（太線）と空間線量率の変化を調べた例（下草・落葉除去による高さ1mで計測された空間線量率の低下割合（除去前の空間線量率に対する比）の分布。方形マスは2m間隔）
（出典：林野庁、平成23年12月27日プレスリリース[121]）

染が行われ、一部では省庁と福島県によるモデル事業として、面的な除染の試験が行われました（里山再生モデル事業）[122]。対象としたのは、ほだ場（原木きのこ栽培用のほだ木置場）、キャンプ場、遊歩道などです。平坦で土壌流出の恐れがないような試験地では、表土の削り取りも行うことで、最大で50%以上の空間線量率の低下が認められました。

　除染の他にも、チップ敷設による空間線量率の低減や、カリウム施肥による樹木への放射性セシウム移行低減などが試験されています。また菌類の高いセシウム吸収能力を除染に活用す

るため、敷設したチップに蔓延した菌糸によって放射性セシウムを吸い上げる試験が行われています[30]。しかし、試験的な実施に留まっており、大規模には行われていません。

　以上のように森林では、主に落葉層の除去が空間線量率を下げるための有効な方法として行われてきました。しかし、除染を行う時期について注意が必要です。第3章で述べたように、事故直後は落葉層に多く留まっていた放射性セシウムは、時間経過とともに、多くが鉱質土壌の表層へと移行しています。除染の目的はできるだけ多くの放射性セシウムを取り除くことなので、それを効果的に行うことができるのは事故発生後数年から10年程度に限られてしまいます。

c.　森林を伐採すると空間線量率は下がるのか？

　落葉除去が森林の空間線量率を低下させる効果があることを説明しました。その後、落葉層の除去だけでなく、皆伐（すべて伐採）や間伐（一部伐採）などの森林の管理を組み合わせた場合の森林内の空間線量率の変化についても調べられています。2012年の冬に落葉除去と皆伐や間伐を組み合わせて行った結果、間伐区で空間線量率が低下したものの、伐採を行わない対照区でも空間線量率が低下し、間伐処理による空間線量率の低減効果は明確ではありませんでした（図6.9）。また、落葉除去と間伐や皆伐を組み合わせた場合も、落葉除去処理のみ行った試験区の値と大きな違いは見られませんでした。施業の効果が顕著に認められなかったのは2012年の冬にすでに地表に放射性セシウムの大部分が移動していたことによると考えられます。

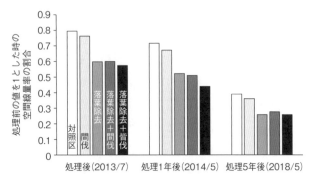

図6.9　森林施業や落葉等除去が森林内の空間線量率に及ぼす影響（値は処理前（2012年11月）の空間線量率に対する比として表した）

（出典：林野庁「平成31年度森林施業等による放射性物質拡散防止等検証事業報告書」[123]のデータをもとに作成）

一方で落葉除去の効果は、長期的に続くことがわかりました。

d．すべての森林を除染することは現実的なのか？

　除染は都市部や農地など、より生活圏として長時間滞在する場所を優先して行われました。森林除染は生活圏と隣接した20 mの範囲で行われましたが、あくまで生活圏の空間線量率を下げることが目的でした。居住地や農地の除染の計画がほとんど終了した現在、新たに除染を行うのであれば、森林が候補となります。しかし、すべての森林を除染することは現実的ではありません。森林の面積は膨大で、かつ地形が複雑なため多くの作業は人力で行う必要があります。また、除染は膨大な廃棄物を発生させ、その結果保管のためのコストも膨大になります。保高らは福島県の除染のコストについて除染土の保管も含めた試算を行いました。その結果、これまで行われてきた森林につ

いて林縁から20 mを除染した場合の除染コストは2.5〜5.1兆円であったのに対し、すべての森林を除染した場合は16兆円を超えると試算されました。また、除染による住民の外部被ばくへの影響を試算した結果、除染域をすべての森林に広げても外部被ばくを下げる効果は非常に小さいと算出されました[124]。このように莫大なコストがかかるだけでなく、費用対効果の面からも森林除染を積極的に行うことは難しいと考えられます。さらには、除染によって下層植生がなくなることで表土流出のリスクが高まることや、広範囲に除染を行うことで作業者のさらなる被ばくも起こるため、森林全体の除染を実施することは不可能です。除染が行われることで、地域住民に一定の安心感が生まれていたという側面もあると思います。しかし、膨大な面積の森林で除染を行った場合の被ばく低減への効果を住民に丁寧に説明することも大切です（図5.1）。

　森林除染についての考え方は第7章でも整理していきます。

6.2　木材に関わる規制とその影響

　同じ木材製品であっても種類や用途によって規制値が異なります。

6.2.1　木材に関わる規制

a．木造住宅に住むことによる外部被ばくは無視できるほどに小さい

　樹木から得られる木材はさまざまな用途に用いられます。木材の利用法として最初に思いつくのは住宅への利用ではないで

しょうか。外部被ばくは空間線量率と滞在時間の掛け算で決ま
ることから、居住空間に使われる建材の影響が注目されまし
た。しかし、建材に関して事故後から現在に至るまで、基準値
は設定されていません。仮に建材の放射性セシウム濃度が高く
ても、建材の量は周辺の土壌の量よりもはるかに少なく、空間
線量率に及ぼす影響が小さいためです。現在林業活動が許され
ている地域から生産される建材を天井、壁、床のすべてに使用
した住宅に居住した場合の年間被ばく線量は最大でも0.04 mSv
で小さいと見積もられています[125]（図6.10、林野庁資料『木材
で囲まれた居室を想定した場合の試算結果・IAEA-TECDOC-
1376』に基づき試算）。このような結果とは別に、福島県木材
協同組合連合会は独自に木材の表面線量検査（木材表面で検出
される放射線量の検査）を行っています。この検査では、木材

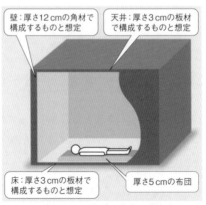

**図6.10　建材からの被ばく線量を試算するため
に用いた居室**
（出典：林野庁「平成30年度版放射性物質の現状
と森林・林業の再生」[126]）

の自主規制値を1,000 cpm（cpm：放射線の1分間当たり計測数）
としていますが、これまで1,000 cpmを超えたことはありません。2018年の検査でも最大値は44 cpm（空間線量率への換算
で0.001 µSv/hに相当）と報告されています[126]。

b．高濃度の樹皮の廃棄が問題に

　被災地域の木材を建築材として利用しても問題はありません
でしたが、製材加工の過程で発生する樹皮の処理が問題となり
ました。事故前は、樹皮は堆肥や家畜の敷料として活用するこ
とが一般的でした。しかし、樹皮の表面は直接放射性セシウム
が付着したため、材よりも濃度が高くなります（図3.3、図3.8）。
条件によっては指定廃棄物として適切に処理しなければならな
い基準値（8,000 Bq/kg、5.4節）を超える可能性がありました。
そこで、福島県は樹皮の濃度と空間線量率の関係から、検査せ
ずに伐採が可能な森林の空間線量率の基準となる値を0.5 µSv/h
と設定しました。そして空間線量率が0.5 µSv/hを超える森林
から伐採した樹木については、樹皮の濃度検査を求めるように
しました[127]。福島県木材協同組合連合会は航空機モニタリン
グの調査結果をもとに森林の空間線量率マップを作成しました。
2014年11月現在で、県内の民有林の9割が0.5 µSv/hの基準を
下回り、検査することなく伐採可能であるとしています[128]。

c．薪・チップ・炭の厳しい基準値（指標値）

　一方で樹木を建築材以外の用途で利用する場合には、さまざ
まな規制が作られました（表6.2）。樹木をきのこ栽培に用いる

場合、きのこが食品の基準値100 Bq/kgを超えないように、菌の培地となる原木（樹木から切り出した丸太）や菌床（きんしょう：木のオガくずと米ヌカなどの栄養分を混ぜたもの）についてそれぞれ50 Bq/kg、200 Bq/kgという当面の指標値[1]が設定されました[129]（6.5節で詳しく説明します）。薪や木炭、ペレットといった燃焼材として利用する場合は、燃焼後に生じる灰が一般廃棄物として処分可能な8,000 Bq/kg以下になるように設定されました。薪と木炭を比較すると、指標値はそれぞれ40 Bq/kg、280 Bq/kgと薪の方がより厳しい基準となっています。これは薪の方が燃焼させたときの重さの変化が大きい（重さ当たりでみると、より放射性セシウムが濃縮される）ためです。なお、環境省は薪を利用した場合の被ばく線量の試算を行い、少ないことを確認しています。試算では、燃焼灰が8,000 Bq/kgになるような薪ストーブや薪風呂を子どもが利用した場合の年間被ばく線量はそれぞれ5.8 μSv、5.0 μSvとなりました[130]。樹皮を発酵させてつくるバーク堆肥を含む肥料や家畜用敷料については、40年施用し続けても過去の農地土壌中の放射性セシウム濃度の変動範囲内である100 Bq/kgを超えることのない値として400 Bq/kgの暫定許容値が設定されています[131]。なお、木質チップ自体には指標値はありませんが、チップを燃料として扱う事業体は薪の指標値に準じて用途によらず40 Bq/kgを受け入れ基準とする場合が多いようです。一方で、製紙用

---

1) 林野庁の担当課などからの通知によって示された値で、法令で定められた基準値とは異なり法令による規制はありません。農林水産省が設定している暫定許容値も同様です。

表6.2　きのこ原木、木炭、ペレットなどの指標値

対象品目	指標値（Bq/kg）	設定時期
きのこ原木・ほだ木	50	2012 年 3 月
菌床用培地	200	2012 年 3 月
薪（調理加熱用）	40	2011 年 11 月
木炭（調理加熱用）※土壌改良剤として使う場合は 400 Bq/kg になる。	280	2011 年 11 月
木質ペレット（木部・全木）※樹皮ペレットは 300 Bq/kg	40	2012 年 11 月
バーク堆肥・家畜用敷料	400	2011 年 8 月

（出典：林野庁「放射性物質の現状と森林・林業の再生」[126]、林野庁「きのこ原木及び菌床用培地並びに調理加熱用の薪及び木炭の当面の指標値の設定について」[129]、農林水産省「放射性セシウムを含む肥料・土壌改良資材・培土及び飼料の暫定許容値の設定について」[131]）

チップの場合は堆肥や敷料と同じ 400 Bq/kg を基準とする事業体が多いようです。このように、木材やその副産物を利用するための基準はそれぞれの被ばく線量推定に基づき、対象によって異なる値が設定されています。利用のための制限が守られることで、利用者の追加被ばくを抑えることが可能になります。

6.2.2　統計から読み解く林業が受けた影響

このように福島原発事故によって引き起こされた森林の放射能汚染への対処として、森林への立ち入りや木材の利用が規制されることになりました。結果として林業が受けた影響について統計を通して見ていきましょう。産業が受けた影響を見る際には、震災前後の変化を見るだけでなく、全国の変化とも比較し、変化が全国で共通する現象なのか、それとも震災（または他の理由で）被災県で起きた固有の現象なのか精査する必要があ

ります。その中で認められた震災前後の変化を列挙します。

まず素材生産量（丸太の収穫量）について見ると、もともと外国産の輸入増加に伴い国産材の供給は減少傾向にありましたが、全国平均では2002年を底に増加傾向に転じて震災以降もその傾向が続いています。一方、福島県の素材生産量は震災後に低下したのち持ち直す傾向がありますが回復は鈍く、2010年に対する2015年の比は104%と全国平均（117%）や周辺県（114〜121%）よりも低いです[118]。県内の需要量と素材生産量を地域別に見ると、大きく変化が認められました。需要・供給ともに相双地域（相馬市や双葉町など福島第一原子力発電所周辺に位置する12市町村）では震災前より大きく低下した一方、県南・県央・県北・いわきでは需要が増加し、県南と会津は供給が増加しました（図6.11 (a)）。結果として県全体では需要量が供給量を上回る状態になっています[118]。相双地域は福島第一原発のある双葉町や大熊町をはじめとして、帰還困難区域に指定された市町村が多く含まれます。こうした地域の産業は広い範囲で震災前より落ち込んでいると予想されますが、林業においても高い空間線量率により林業活動が制限されたことが素材生産量の低下につながったと考えられます。

また、広葉樹・針葉樹の供給のバランスは大きく変化しました。広葉樹の生産量は低下する一方で針葉樹の生産量は増加しました（図6.11 (b)）。広葉樹の低下は燃料用チップやきのこ用原木の生産量低下によると考えられます。原木用広葉樹の汚染については福島県だけでなく、周辺県でも大きな問題となっています。詳しくは6.5節で説明します。

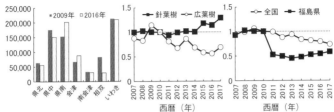

(a) 地域別素材生産量(m³)　(b) 素材生産量(2010年比)　(c) 間伐面積(2010年比)

図6.11　福島県の素材生産量（丸太の収穫量）と間伐面積への影響（(a)：福島県内の地域別素材生産量の2009年と2016年の比較。(b)：福島県の素材生産量の変化。針葉樹と広葉樹について2010年比で示した。(c)：間伐面積の変化。全国と福島県の変化を2010年比で示した）

（出典：福島県農林水産部「平成30年度福島県森林・林業統計書」[7]、林野庁、森林・林業統計要覧2019「間伐実績および間伐材の利用状況」[132]）

　福島県の森林整備面積を見ると、事故前に比べて半減しました[125]（図6.11 (c)）。森林整備とは植栽や下刈り、間伐、林道整備といった文字通り森林を整備する活動によって森林の持つさまざまな機能を発揮させることを目的としたものです。このような森林整備の停滞による影響は短期的には見えにくいものですが、長期的には森林の機能が低下し、木材の質や炭素吸収能の低下が起こるだけでなく、大雨時の災害リスクが高まるなどの森林の多面的機能への影響が懸念されます。

6.2.3　汚染された森林の活用

　放射性セシウム濃度が高く、一度活用が止まった森林の利用を再開し、どのように活用を図っていくかについてはいくつかの実験的なアイデアも試されました。しかし燃焼して減容化した上で貯蔵施設に保管する、という一般的な可燃性廃棄物の処

理方法を除けば、現段階では大規模に実用化されている手法は
ありません。

a．減容化

　汚染された地域の森林を伐採した際に出てくる濃度の高い副
産物（利用しない部位）や森林除染で出た落葉・落枝はそのま
ま廃棄物となってしまいます。廃棄物は貯蔵施設に輸送して保
管することになりますが、そのためには大きなコストがかかる
ため、効率を考えるとその容積を小さくすることが求められま
す。森林でも、木材破砕機を用いて小さくすることなどが検討
されました。木材破砕機による減容率は45～63％と報告され
ています。除染で出た落葉や枝葉を含む可燃性の廃棄物をさら
に減容化するため、福島県内で仮設の焼却施設が作られまし
た。高温焼却処理施設による試験では、減容率は96～99％と
非常に高く，また、排気への放射性セシウムの移行も非常に少
ないことがわかりました（大熊町の試験で最大0.3 Bq/m³）[133]。
しかし、燃焼灰には放射性セシウムが高濃度で濃縮されるため
（大熊町では最大200万Bq/kg）、その後の管理には特段の注意
が必要となります。

b．エネルギー利用・その他の用途への転用

　汚染地域の木材を、建築に用いたりきのこの栽培に用いる代
わりに、バイオ燃料（ペレットなど）としてバイオマス発電に
利用する方法もあります。燃料用の薪やペレットの指標値は
40 Bq/kgときのこ原木の50 Bq/kgより厳しく設定されています

（表6.2）。しかし、樹木の幹の放射性セシウム濃度は樹皮が最も高く（3.2節）、樹皮を取り除いてチップを作れば放射性セシウム濃度を低くできるため、原木としては利用できない材料をチップとして活用できる場合があります。ただし、燃焼灰が指定廃棄物の基準値である8,000 Bq/kgを超えないように措置を講じるとともに、セシウムは高温で気化する性質を持つことから、燃焼時の放射性セシウムの環境中への放出に気をつける必要があります。逆に燃焼灰が指定廃棄物となることを前提としたバイオマス発電施設にすることで、放射性セシウムを含む樹皮や木材をエネルギー利用しながら減容化を進めることも選択肢として考えられます。ただし、減容化でも述べたように、放射性セシウムの排気の対策を適切に行うとともに、実施に際しては地域住民へ説明が十分になされ理解を得る必要があります。

　その他の利用法として、大塚らは、これまで技術的に難しかった木質バイオマスをメタン発酵させる技術を開発しました。メタンガスには放射性セシウムが含まれず、多くは発酵残渣に残ることがわかりました。木材からのエネルギー生産と汚

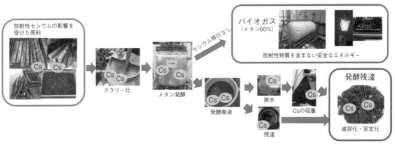

図6.12　放射性セシウムを含む樹木から放射性セシウムを含まないバイオガスを生成する技術
（出典：大塚ら2018[134]）

染バイオマスの減容化と二つのメリットを有するため、汚染地域での活用に期待が集まっています（図6.12）。

6.3　野生動物の放射能汚染

　　大型野生動物の放射性セシウム濃度は高く、近年の個体数増加の問題を複雑にしています。

図6.13　自動撮影装置で撮影した野生のイノシシ・ツキノワグマ・ニホンジカ
（提供：森林総合研究所飯島勇人氏）

表6.3 野生鳥獣類の食肉の出荷制限が課された県（2020年11月16日時点。種・県によって出荷制限域が県全域ではなく、県内の一部の市町村の場合もある）

種	県数	県名
イノシシ	6	福島県※1、宮城県、茨城県※2、栃木県※2、群馬県、千葉県※2
クマ	6	福島県、岩手県、宮城県、山形県※2、群馬県、新潟県※2
シカ	5	岩手県※2、宮城県※2、栃木県、群馬県、長野県※2
ノウサギ	1	福島県
カルガモ	1	福島県
キジ	1	福島県
ヤマドリ	2	福島県、岩手県

※1 福島県のイノシシは20市町村で摂取制限（自家消費も禁止）。
※2 県の定める出荷・検査方針に基づき管理される食肉を除く。
（出典：厚生労働省「原子力災害対策特別措置法に基づく食品に関する出荷制限等：令和2年11月16日現在」[135]）

　イノシシやクマ、シカといった大型の野生動物は山村地域の生活に深く関わっています（図6.13）。生活圏に現れて田畑や住民の被害を引き起こす害獣である一方で、狩猟によって得られた肉類はジビエと呼ばれ、食品として扱われています。大型野生動物の筋肉中の放射性セシウム濃度は事故後から現在まで高く、検査の結果、広域で出荷制限や摂取制限が出されています。2020年現在、上記3種（イノシシ・ツキノワグマ・ニホンジカ）は、合計10県で出荷制限が設定されており、さらに福島県の20市町村では摂取制限が課されています（表6.3）。ただし、一部の県や市町村では、全頭検査（地域で取られた野生肉を出荷前にすべて検査すること）などの安全確認スキームを構築した上で出荷可能とする「一部解除」を措置しています。

6.3.1　大型野生動物の個体数は全国的に増えている

　こうした出荷制限は、野生動物の管理において新たな問題を
生じさせています。イノシシやシカなどの大型哺乳類の分布は
江戸時代から現代にかけて行われた人為的な捕獲と開発による
生息地変化によって減少傾向にありました[136]。しかし、20世
紀後半から大型哺乳類の分布域は急速に拡大し個体数も増加し
ました（図6.14）。個体数が増加した理由は、保護政策やオオ
カミの絶滅、高齢化に伴う狩猟者の減少、山村地域の過疎化に
伴う耕作放棄地の増加、暖冬などさまざまな要因が影響したと
考えられます[137]。そのような中、福島第一原発の事故により、
捕獲意欲の低下や人口減少によって耕作放棄地の増加が進行し
た結果、東日本の野生動物の個体数は顕著に増加しました[138]。

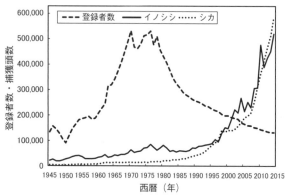

**図6.14　全国の猟師免許登録者数、イノシシおよびニホンジカ捕
獲数の推移**（2000年以降の捕獲数の増加は登録者による狩猟以外
の有害駆除や個体数管理の増加の影響が大きく、2010年以降は
イノシシ・シカともに狩猟数を上回っている）
（出典：環境省「鳥獣統計」[139]をもとに作成）

　猟師へのアンケート調査でも、浜通りや中通りでは出猟を取りやめた人数は他の地域よりも顕著に多く、放射能汚染が猟師のモチベーション低下に強く作用していることが示されています[140]。

6.3.2　濃度傾向について

　事故後の野生動物に含まれる放射性セシウム濃度の傾向を知ることは、摂取による内部被ばくを評価し、将来の出荷制限の見通しを考えるために重要です。そこで狩猟やモニタリングのためのサンプリングによって、捕獲された野生動物の筋肉中の放射性セシウム濃度が継続的に調べられています。野生動物はさまざまな場所で異なる季節にサンプリングされていますが、環境中の放射性セシウム量が多いほど筋肉中の放射性セシウム濃度は高くなります。そこで筋肉中の放射性セシウム濃度を単純に比較するのではなく、放射性セシウム濃度を採集地点の土壌の放射性セシウム蓄積量（単位面積当たりの放射性セシウム量、単位はBq/m^2）で割った面移行係数（m^2/kg）（図3.9）で比較することが有効です。比較の結果、福島県内のイノシシやツキノワグマの放射性セシウム濃度は年経過に伴って減少傾向にあることが示されています[141]。一方でニホンジカの放射性セシウム濃度については、2015年までのデータでは年変化傾向が認められていません。

　野生動物の放射性セシウム濃度の季節変動についても調べられています。チェルノブイリ原発事故後のヨーロッパでは、野生動物の放射性セシウム濃度の季節変動について数多く発表さ

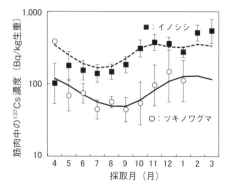

**図6.15　福島県内で得られたイノシシ（■）とツキ
ノワグマ（○）の筋肉中のセシウム137濃度（生重
当たり）の季節変化**（値は対数グラフ（目盛りごと
に濃度が10倍異なる）で示している。線はモデル
によって推定した季節変化の傾向を示している）
（出典：Nemoto, *et al.* 2018[142]を改変）

れています。福島県のイノシシやツキノワグマの調査でも、筋
肉中の放射性セシウム濃度に季節性があることが明らかになり
ました。図6.15に示したように、イノシシ、ツキノワグマとも
に春から夏に濃度が低く、秋から冬にかけて濃度が高くなって
いました[142]。ヨーロッパの研究ではイノシシの放射性セシウ
ム濃度は夏に高くなり、冬に低くなると言われており、ツチダ
ンゴと呼ばれる高濃度のきのこを夏に多く食べることが季節的
な濃度の高まりに影響していると言われています[143]。一方、
日本のイノシシは雑食であるとされており、きのこの採食につ
いての報告はありません。また、イノシシは冬季に植物の地下
茎などを主に摂食しており[144]、その際に高濃度の表層土壌を
一緒に取り込んでいることなどが理由として考えられますが、

明確なメカニズムはわかっていません。

6.3.3　対策：全頭検査と個体数調整

　野生動物の問題は、先述したような複雑な要因が絡んで起きている個体数の増加が、放射能汚染によって加速しうる状況になっており、対策を取ることが非常に難しくなっています。獣害を減らすためには、狩猟によって個体数を管理するだけでなく、猟師のなり手が減少する中、地域の汚染程度に合わせて異なる対策を立てていかなければなりません。

　福島原発事故の後、福島県の周辺県を含めた東日本の広域で野生動物の出荷制限が出されていますが、原発から離れて汚染程度が小さくなると、基準値を超える野生動物の割合は減っていきます。さらに種にもよりますが、時間経過によって濃度も低下していき、利用可能な動物が増えていくと考えられます。そこで、もともと野生動物を食用に利用していた地域では全頭検査を行い、基準値以下の個体だけを利用するという手段が考えられます。放射能の検査は検体の重量が大きいほど短時間で終わるため、大型野生動物は全頭検査を行うのに適しています。実際に栃木県那珂川町や茨城県石岡市のイノシシ肉加工施設では、全頭検査を行った上で、基準値を超えない肉だけを出荷する体制が整えられています[145]。

　一方、森林の汚染が強く、摂取制限が課せられている地域では、ほとんどの大型野生動物は基準値を超えている可能性があり、食用としての利用は難しいと考えられます。そのため獣害を抑えるためには、廃棄処分を前提とした積極的な駆除によっ

て個体数の管理を行う必要があります。個体数管理は各県で実施されていますが、例えば福島県では2014年のイノシシ推計生息数49,000頭から、個体群の存続と農業被害の抑制のバランスを取った5,200頭まで個体数を調整する管理計画を実施しています[138]。また、廃棄を積極的に行う場合、廃棄方法についても検討が必要となります。現在の処理方法はほとんどが捕獲現場での埋設であり、一部を既存の焼却炉で処理している状況です。そのため猟師の負担や地域住民への配慮が必要となっています。そこで専用焼却炉や微生物作用を利用した専用生物処理設備などを、補助金を利用して整備する動きも出てきています[146]。

6.4　野生きのこ・山菜の放射性セシウム汚染

　震災が森林内の余暇活動に与えた影響は林業への影響よりも大きかったと思われます。

6.4.1　森の恵みが地域社会で持つ価値

　森の恵みの一つに野生きのこがあります。私たちが一般にスーパーで目にするきのこの多くは、工場で栽培されたり、木材を山から切り出してきて人里で栽培したものです（これらを栽培きのこと呼び、6.5節で説明します）。野生きのこは、人工的に栽培したきのことは異なり、森の中に自生しているきのこを指します。日本ではさまざまな野生きのこを採取し、食する文化があります。その代表的なものは、人工的に栽培ができないマツタケでしょう。野生きのこは同じ種のものでも工場で栽

培されたものとは異なる風味があり、また森の中できのこを探す楽しみもあることから、山村地域では広くきのこ狩りが行われています。

　森のもう一つの大きな恵みは山菜でしょう。山菜とは何か、野菜と何が異なるのかを明確に定義するのは難しいところです。日本特用林産振興会[147]によると「山菜とは日本の山野に自生する自然状態の食用植物のうち、長い歴史の中で利用されてきたもの」とあります。一般に私たちが食する野菜は長い年月をかけて栽培用に品種改良を受けてきた点でも山菜と異なります。近年、一部の山菜種の中でもセリ、ミツバ、フキ、ウド、タラノメなど促成栽培が発達し、栽培される野菜との境界が明確ではないものもありますが、多くは大量生産には向かないものとされています。また、齋藤[148][149]は山菜の特徴として、地域ごとに利用（認知）されるものが大きく異なること、多くは独特の味、苦味があり、アク抜きなど食べるために手間を要するもの、カロリーが少ないものが多く、「食いつなぐ」ためには利用されない、などをあげています。

　このような特徴を持つ野生きのこや山菜は山村地域の生活を豊かにする貴重な食材として扱われます（図6.16）。季節を彩る旬の食材となるだけでなく、保存食として加工され、お盆や正月といったハレの日の供物としても用いられています。またきのこ・山菜はおすそ分けとして、地域のコミュニケーションツールとしての役割も果たしています。さらに野生きのこや山菜の採集は地域住民の余暇活動として親しまれています。採取された野生きのこや山菜は主に自家消費されるため、経済価値

(a) 山菜採り　　　　　　　　　(b) 山菜料理
図6.16　山菜（コゴミ）採りの風景と山菜料理
（提供：森林総合研究所松浦俊也氏）

を評価することは難しいですが、松浦らが震災前の福島県只見町で毎年採取される野生きのこや山菜の経済価値を試算した結果、町全体で数千万円になることが示されています[150]。積雪日数の多い地域ほど野生きのこや山菜の採集頻度が高いことが示されており[151]、福島県でも雪深い地域で山菜は大変親しまれています。福島原発事故によって起きた森林の放射能汚染は、森の恵みが出荷制限に指定されるかどうかにかかわらず、人々の採集意欲を引き下げ、結果として山村地域の住民の活力を奪うことが懸念されます。

6.4.2　野生きのこの放射能汚染

　福島原発事故以降、野生きのこ・山菜の多くは広域で出荷制限が課せられています。例えば、農産物の検査結果を並べてみると、100 Bq/kgの基準値を超える食品は、春の山菜と秋の野生きのこがほとんどです（92％、2014年以降のデータ）（図6.17）。野生きのこや山菜の放射性セシウム濃度が高い原因として、森

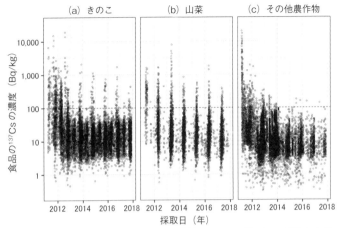

図6.17　厚生労働省がとりまとめている食品モニタリングによって得られた農作物類のセシウム137濃度の結果（事故のあった2011年は種類によらず食品の基準値を超えるものが認められたが、山菜やきのこはその後もそれぞれ春と秋に基準値を超えた事例が多く報告された）

（出典：厚生労働省「月別検査結果」[152]をもとに作成）

林の除染が行われず、森林から系外に放射性セシウムが流れ出る割合が少ないため、結果として森林に放射性セシウムが蓄積していること、また野生きのこや山菜はミネラル分が多く、放射性セシウムを効率よく吸収する性質があることなどが考えられます。森林から得られる野生の食物の流通量は栽培物と比べるとはるかに少なく、出荷制限による経済的なインパクトは比較的小さいと考えられます。しかし、山村地域で森の恵みが果たす役割は小さくありません。野生きのこや山菜に含まれる放射性セシウムの動態を明らかにすることは、事故後影響を受けた地域で生活していくためには重要です。

制限なし　□
出荷制限　■
一部品目解除　■

図6.18　野生きのこの出荷制限の分布図
（2020年11月16日時点）
（出典：林野庁「きのこや山菜の出荷制限
等の状況について」[153]をもとに作成）

0　50　100　150　200 km

a．種を区別しない一括りの出荷制限

　福島原発事故後に野生きのこのモニタリング検査が行われた結果、東日本の広い地域で野生きのこの基準値超えが検出されました。2020年11月現在、11県117市町村（うち3県15市町村では一部の種について制限解除）で出荷制限が課せられています（図6.18）。また、野生きのこの問題として、種が4,000～5,000種あるとも言われており、種の判別が難しいことや、種ごとの濃度特性が十分には解明されていないため、他の農作物とは異なり、種を区別せずに野生きのこを一括りとした出荷制限が実

施されています。

b．食品モニタリングの結果を活用した野生きのこの解析

　チェルノブイリ原発事故後に主にヨーロッパで行われた野生きのこに関する研究を取りまとめた結果、種や属によって濃度傾向が異なることがわかりました。日本でも種ごとの放射性セシウムの濃度傾向が整理されれば、出荷制限の見直しや野生きのこの採取を行う地域住民の役に立つと考えられます。しかし、きのこは日本だけでも4,000〜5,000種あると言われており、また発生時期や発生地点、年ごとの発生量も安定しないため、特定の種を継続してサンプリングすることは簡単ではありません。また、日本全体で野生きのこの傾向を調べるためには多地点でのデータも必要となるため、研究者の調査だけでは限界があります。

　そこで小松らは食品の放射能モニタリングデータに着目しました。食品の放射能モニタリングはさまざまな食品の安全性を確認するため各市町村によって行われており、測定結果は厚生労働省がとりまとめてホームページに掲載されています[152]。2011年8月から2017年11月までの報告データから食用の野生きのこについて、246市町村で得られた107種3,189検体の測定データを得ました。加えてきのこの濃度は発生地点の汚染程度に影響されると考えられることから、汚染程度の指標として航空機モニタリングによる空間全体の沈着量（面積当たりの放射性セシウムの量、単位Bq/m^2）を用いて解析した結果、種や地域ごとの濃度特性が明らかになりました[154]。

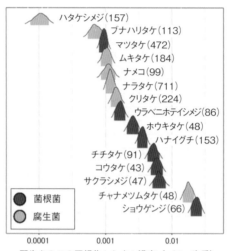

図6.19　40検体以上採取された野生きのこの正規化セシウム濃度（結果を確率分布で示しており、山が高い位置の数値である確率が高いと予測される。カッコ内の数値は検体数）

（出典：Komatsu, *et al.* 2019[154]の結果をもとに作成）

　小松らの解析では、種、市町村、採取日、それぞれの条件によって濃度が変化すると仮定しています。さらに、これらの条件では説明できない濃度のばらつきが存在します。種ごとの濃度特性について、「正規化セシウム濃度」と呼ばれる数値で表しました。結果をわかりやすくまとめたのが図6.19です。図では、樹木と共生する「菌根菌」と枯れ木や枯れ葉を分解して養分を得る「腐生菌」のタイプを分けて示しています。

c．野生きのこの放射性セシウム濃度は種によって大きく異なる

　濃度特性を比較すると、一般に菌根菌のきのこの放射性セシ

ウム濃度が高い傾向がありましたが、種によって大きく異なり、チャナメツムタケなど腐生菌の中にも濃度が高いものがありました。実際にチャナメツムタケは福島県から比較的離れた長野県などの地域で基準値を超える放射性セシウム濃度が観察された種です。なぜ種によって放射性セシウム濃度が違うのかについては種ごとの生理的特性や生態的な特性が影響していると考えられますが、現段階ではそのメカニズムは明らかになっていません。

　このような種によって放射性セシウムの正規化した濃度が異なるという結果は、種を区別せず一括りに行われている野生きのこの出荷制限の枠組みを考える上で参考となるものです。ただし、結果の解釈にはいくつか注意が必要です。注意点としては大きく三つあり、(1) 濃度の予測値にもばらつきがあること、(2) 年変化傾向が十分に把握できていないこと、(3) 同一の市町村内で採取したきのこの放射性セシウム濃度にも変動があることです。これらの不確実性を明らかにするため、今後より詳細な調査を行って、種や地域による濃度への影響や年変化の傾向を明らかにする必要があります。

6.4.3　山菜の放射能汚染

ａ．種類や生育条件による出荷制限域の違い

　表6.4には山菜の種類ごとの出荷制限の市町村数 (2020年11月16日時点) を示しました。山菜の出荷制限は種類によって区別することに加え、野生品のみを対象とする場合と、野生品か栽培品かを区別しない場合があります。区別しない場合の市町

表6.4　山菜の種類ごとの出荷制限を実施する市町村数

山菜の種類	野生のみ	区別なし	合　計
ウド	6	0	6
ウワバミソウ	2	0	2
クサソテツ	4	15	19
コシアブラ	43	70	113
サンショウ	4	0	4
ゼンマイ	9	13	22
タケノコ	–	33	33
タラノメ	44	0	44
フキ	3	1	4
フキノトウ	11	0	11
ワラビ	17	6	23
参考：野生きのこ	117		
参考：原木シイタケ	露地栽培：93 （うち56は部分解除）	施設栽培：17 （うち16は部分解除）	

（出典：厚生労働省「原子力災害特別措置法に基づく食品に関する出荷制限等：令和2年11月16日現在」[135]をもとに作成）

村数は栽培品の出荷制限の地域の広がりを、また野生のみと区別なしの合計数は野生品の制限の広がりを表していると言えます。促成栽培化が進んでいるようなウドやタラノメ、フキなどは野生を除くと出荷制限はほとんどありません。一方で、多くの山菜で野生品には出荷制限が課せられており、栽培品よりも自生する山菜の濃度が高くなりやすいことを示しています。また、出荷制限の市町村数は種類によって大きく異なることも特徴です。野生の結果も含めた場合、制限市町村数が最も多いのはコシアブラ（113市町村）で、野生きのこ（117市町村）と同程度です。

　タラノメは野生のみではありますが、44市町村とコシアブ

ラに次ぐ出荷制限域の広がりが認められています。タケノコは植栽されたものであり、厳密には野生の山菜とはみなされませんが、広く出荷制限が課せられています。

b．なぜコシアブラの濃度が高いのか

　山菜は葉や芽、根などさまざまな部位を食べますが、調査によって山菜の放射性セシウム濃度は、種類によって異なるだけでなく、同じ種でも部位によって異なることがわかってきました[155]。山菜の中でもコシアブラやヤマドリゼンマイは濃度が高く、カタクリやニワトコは低いことがわかっています。また、タラノキやゼンマイ、クサソテツは中間であると言われています。このような結果は、種類ごとの出荷制限を実施する市町村数の多さ／少なさとも対応しています。

　山菜の中でも特にコシアブラの濃度が目立って高くなっています。コシアブラはウコギ科の高木で一つの芽から5枚の葉が手のひらのように広がります。タラノメのように開きかけの若い芽を摘み取り、天ぷらやおひたしにして食べるのが一般的です。コシアブラの葉と土壌、落葉層を合わせて採取し、放射性セシウム濃度の関係を調べたところ、コシアブラの葉のセシウム濃度は土壌よりも落葉層の放射性セシウム濃度と強い相関関係が認められました[156]。コシアブラは放射性セシウム濃度が高い鉱質土壌の表層や落葉層から効率的に放射性セシウムを吸収する能力があるのかもしれません。放射性セシウム濃度が高い理由として、コシアブラの根に共生する微生物の役割についても調べられています[157]。また、2017年に採取したサンプル

の測定結果から、コシアブラの葉の放射性セシウム濃度はさら
に増加する可能性が示されています[156]。放射性セシウム沈着
量が少ない地域でも今後コシアブラの濃度が上昇する可能性が
あり、注意が必要です。

6.4.4　地域住民の余暇活動に及ぼした影響

　森林は木材生産の場であるだけでなく、野生きのこや山菜と
いった森の恵みを提供することを説明しました。また、他にも
渓流での釣りや登山などにも利用されます。このように森林は
地域の人々のさまざまな余暇活動（レクリエーション）の場と
して利用されてきました。しかし、震災前後で得られたアン
ケートや利用者数などのデータを比較すると、森林などの自然
を用いたレクリエーションは確実に震災の影響を受けているこ
とがわかってきました。例えば、福島県内での自然体験型のレ
クリエーション参加者数（観光客入込み数）や登山者数を調べ
てみると、震災のあった2011年に大きく落ち込み、2012年以
降も元には戻っていないことがわかりました（図6.20 (a)）。特
に登山者の場合、奥羽山系（中通りと会津の間）よりも原発に
近く汚染程度が高い阿武隈山系（浜通りと中通りの間）での減
少傾向が強いことがわかりました。都市型の観光客入込み数も
似た減少傾向を示しており、自然だけが影響を受けたわけでは
ありませんが、震災が人々のレクリエーションに影響を及ぼし
ていることがわかります。さらに福島県の新聞記事件数を調査
した結果、登山や林業、環境教育など自然や森林などの野外活
動に関わる記事が震災後減少していることがわかっています

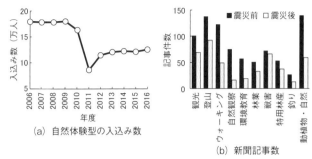

(a) 自然体験型の入込み数

(b) 新聞記事数

図6.20　震災前後の野外レクリエーションへの影響について（(a)：福島県の自然体験型アクティビティの観光客入込み数の推移。(b)：震災前後それぞれ3年間の福島県内における新聞記事件数の比較）

（出典：重松ら 2018[158]）

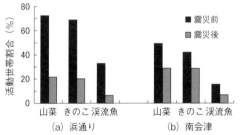

(a) 浜通り　　　　　(b) 南会津

図6.21　震災前と震災後の山村における森林での余暇活動の変化（福島県内の自治体内の住民に対する聞き取り調査結果をもとにした）

（出典：松浦 2021[159]）

（図6.20(b)）。一方で獣害の記事数には変化がなく、震災によって獣害の傾向は変化していないと考えられます。

　森林の放射能汚染によって、山菜・きのこ・渓流魚などの放射性セシウムの蓄積が広い地域で確認されたことで、山村地域でのこれらの採集活動の意欲は大きく低下しました。図6.21は、震災後の2015年に、福島県内のうち原発に近い浜通りと

遠い南会津それぞれの複数集落において全戸アンケート調査を行い、山菜、きのこの採取、渓流釣りを行う世帯の割合の変化を調べたものです[159]。ここに見られるように、これらの余暇活動は震災前には山村地域で多くの人々に楽しまれていましたが、震災後には、とりわけ原発から近い浜通りで大きく落ち込み、原発から離れた南会津でも落ち込んだことがわかります。この結果は福島の山村地域の人々が、森林での余暇活動から遠のいたことを如実に示しています。山村地域に共通する高齢化に加え、原発周辺地域で住民の帰還が進んでいないという問題も関わっていると考えられます。

6.4.5　調理による山菜の放射性セシウム濃度の低減化

　山菜は種類によってさまざまな調理方法があります。タラノメやフキノトウは天ぷらにしますし、ゼンマイやワラビなどあくが強い山菜はあく抜きを行います。また、山菜は採取時期が限られているため、長期保存のための乾燥や塩漬けなどの処理方法が発達しています。そこで清野らは調理前後の山菜に含まれる放射性セシウム量の比（食品加工残存係数）によって調理方法ごとの放射性セシウム除去効果を比較しました[160]。その結果、湯浸し、塩茹で、あく抜き、塩漬け‐塩抜き処理を行った山菜で加工前よりも放射性セシウム量が減少することがわかりました（表6.5）。特に長期保存用の乾燥重曹あく抜きを施したゼンマイや、塩漬け‐塩抜き処理を行った山菜で低減効果が大きいことがわかりました。一方で、天ぷらは重量が増えるため重量当たりの濃度としては見かけ上小さくなりますが、放射

表6.5 山菜の種類と調理方法ごとの放射性セシウム残存率

調理方法	山菜	加工後のセシウム残存率（単位なし）
湯浸し	イタドリ	0.08 ± 0.04
塩茹で	フキノトウ	0.99 ± 0.09
	モミジガサ	0.41 ± 0.14
	ウド	0.56 ± 0.18
	タラノキ	0.85 ± 0.22
	コシアブラ	0.65 ± 0.004
重曹あく抜き	ワラビ	0.089
	ゼンマイ	0.32 ± 0.04
	ゼンマイ（乾燥）	0.009 ± 0.012
塩漬け‐塩抜き	ワラビ	0.017 ± 0.012
	ゼンマイ	0.016 ± 0.015
	コシアブラ	0.041 ± 0.012
	ハンゴンソウ	0.24 ± 0.15
天ぷら	フキノトウ	1.12 ± 0.19
	タラノキ	0.83 ± 0.19
	コシアブラ	1.11 ± 0.02

（出典：清野ら2020[160]）

性セシウムの残存率として見ると加工前とほとんど変わりませんでした。

　塩漬け処理の中でもハンゴンソウを見ると残存率は低下するものの、他の山菜と比べて低減効果は小さいことがわかりました。同じ処理でも山菜の種類によって効果は異なると考えられます。また、鍋師ら[161]の研究では、同じあく抜きでも重曹を使った方が小麦粉や塩を使った場合よりも低減効果が大きいことが報告されています。放射能汚染度が比較的高い地域であっても、山菜の種類による濃度の違いを理解し、調理方法を工夫して低減効果を高めることで、放射性セシウムの摂取を避けることができると考えられます。

6.5　栽培きのこ

> 放射能汚染は地元の木を利用してきた原木きのこ栽培のサイクルを止めてしまいました。

6.5.1　栽培きのこは重要な産業

　森林から生産され人間に利用されるもののうち、木材（用材）を除いたものを総称して特用林産物と呼びます。特用林産物はきのこ、木の実や山菜などの食品に加え、薬用植物、漆などの工芸品の材料、竹材や桐材などの工芸用材、薪や木炭などの燃料材など多様な産物を含んでいます。特用林産物は林業総生産額（4,859億円、2017年）の半分以上（57%、2,783億円）を占めており、そのうち8割以上は栽培きのこが占めています（2,362億円）[162]。きのこの栽培方法は大きく分けて二つあり、森林から切り出した丸太（原木）に種菌（きのこになる菌糸、原木の場合菌糸を蔓延させた木片（種駒）を使う）を打ち込んで育てる原木栽培（図6.22 (a)、図6.23）と、オガ粉（オガクズ）に米ヌカなどの栄養分を混ぜて作った人工の培地（菌床）で培養する菌床栽培（図6.22 (b)）があります。シイタケ栽培は、かつては原木を用いた栽培が主たる手法でしたが、企業が工場での生産体制を整えたため、現在では菌床栽培と入れ替わっています。なお、現在原木栽培はほとんどがシイタケの栽培で占められており、さらに原木シイタケ生産量の76%は乾シイタケ（干しシイタケ）です（生重換算後の生産量を使用）。きのこ全体の総生産量は横這いですが、生産に占める原木栽培の割合や

生産農家数は減少傾向にあり、小規模なきのこ生産農家の淘汰
が進む一方で、きのこ生産事業の集約化が進んでいると言えま
す（図6.24）。原木シイタケ栽培は、原木を切り出して定期的
に並べ替えるなど、重労働であることから、生産農家の減少は
農家の高齢化に伴う離職や消費者の間でシイタケ以外のきのこ
への嗜好が広がっていることも影響していると考えられます。
そのような中で起きた福島原発事故による放射能汚染は原木シ

(a) 原木シイタケ　　　　　　　(b) 菌床シイタケ

図6.22　原木シイタケと菌床シイタケの写真

（出典：IAEA, TECDOC-1927[9]、提供：(a) 日本特用林産振興会岩谷宗彦氏、
(b) 森林総合研究所向井裕美氏）

図6.23　原木シイタケの植菌風景（ドリルを用いて原木上に一定間隔の穴を
開け、種菌を打ち込む。手前の原木上の斑点は植菌済みの穴）【口絵参照】

（提供：栃木県林業センター石川洋一氏）

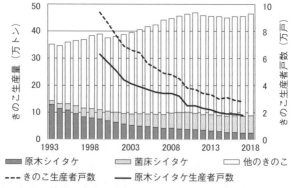

図6.24　きのこの国内生産量（左軸）および生産者戸数（右軸）の推移
（出典：林野庁、H30年度林業白書「第1部　第3章　第2節　特用林産物
の動向　(1)　きのこ類の動向」[162]）

イタケ栽培に大きな影響を及ぼしています。

6.5.2　原木とシイタケの汚染

　事故後、放射性セシウムが降下して野外で栽培（露地栽培）
されていた原木シイタケに直接付着したり、ほだ木（榾木：菌
接種後、一定の培養期間が経過してシイタケが発生する条件が
整った原木のこと）に付着した放射性セシウムがシイタケに移
行するような現象が確認され、広域でシイタケの生産・出荷が
停止されました。ほだ木とシイタケの放射性セシウムの濃度比
である移行係数（図6.25）がわかると、基準値を超えずに利用
できるほだ木（原木）の放射性セシウム濃度が逆算できます。そ
こで、事故のあった2011年に移行係数の調査が行われました。
移行係数はほだ木ごとにばらつくものの、最大で2程度になる
ことが示されました[163]（図6.26）。食品の基準値は100 Bq/kg

（生重）であるため、原木・ほだ木の指標値として50 Bq/kgが
設定されました。

図6.25　移行係数の概念図（ほだ木からシイタケへの放射性セシウム
の移行割合を調べるため、それぞれの放射性セシウム濃度を測定し、
濃度比を求める。農作物の移行係数（図3.9）と同じく、単位なし）

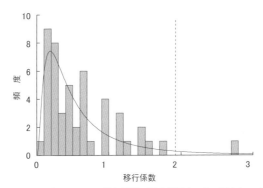

図6.26　原木シイタケの移行係数の調査結果（48本の原木とシイ
タケの放射性セシウム濃度から移行係数を測定し、0.1間隔で
頻度の多さを縦棒の長さで示した。曲線は頻度の分布を数式
（対数正規分布）で表したもの。分布曲線の上側95％の値は1.92
（点線）となり、安全よりにみて移行係数の上限が2とされた）
（出典：森林総合研究所「平成23年度安全なきのこ原木の安定供
給事業報告書」[163]）

6.5.3　原木栽培用広葉樹の汚染と産業への影響

　原木生産用の広葉樹林を対象に放射性セシウム汚染の調査が
行われ、50 Bq/kgの指標値を超える原木林は福島県をはじめと
して東日本の広域に広がっていることがわかりました。福島県
は原木の生産量が多く、事故前は他県に原木を供給していまし
たが、事故後は汚染のために供給が完全にストップしました。
東日本ではシイタケ用原木の需要に供給が追い付かず需給バラ
ンスにずれ（ミスマッチ）が生じたため（図6.27）、林野庁はチ
ラシ[164]を配るなどして、都道府県を越えた取引の仲介や新た
な原木生産地の掘り起こしなどに取り組みました。近年では原
木の需要と供給のミスマッチは解消しつつあります。しかし、
樹種別の需給を見ると、きのこ生産者はコナラを要望する一方
で供給される原木の樹種はクヌギが主となっており、樹種別の
ミスマッチは依然として残っています。

　前述の通り、福島県の東側、まさに福島原発事故で強く汚染
された阿武隈地域は、きのこ原木の一大生産地でした（図6.28）。

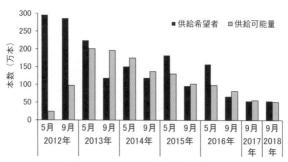

図6.27　シイタケ用原木の需給状況
（出典：林野庁、平成30年度林業白書「第6章2節原子力災害から
の復興　(2) きのこ原木等の管理と受給状況」[161]）

(a) 伐採後の原木林　　　　　(b) 伐採した原木

図6.28　事故後のコナラ原木林 (福島県田村市都路町) ((a)：伐採が行われた
原木林、一部の木を残して伐採が行われた (保残伐と呼ぶ)。(b)：伐採した
原木。本来きのこ原木栽培に用いる予定のものだったが、震災後はすべて
チップ用として出荷している)
(2014 年 1 月に著者撮影)

シイタケ用原木はコナラやクヌギなどの落葉広葉樹を育て、き
のこ原木に適したサイズに維持するため、20年程度で伐採し、
萌芽枝 (切り株から出てくる枝) を大きく成長させて再び原木
とする循環型の林業が行われてきました。しかし、事故により
原木となる広葉樹が直接汚染され、指標値の10倍以上の放射
性セシウム濃度が検出されたため、原木生産は完全に停止して
しまいました。

　続いてシイタケ生産の変化を見てみましょう。シイタケ栽培
の生産量は、全国的に横ばいであり、価格は一時的に上昇しま
した (図6.29)。一方、福島県のシイタケ栽培は大きな影響を受
けています。シイタケの生産量は菌床栽培・原木栽培ともに事
故後大きく減少し、2012年は事故前の約3分の1になりました。
菌床栽培はその後回復傾向になり、2018年の生産量は2010年
比で92%まで回復しましたが、原木栽培は回復せず10%以下

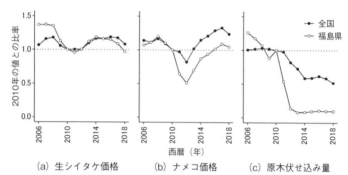

(a) 生シイタケ価格　　(b) ナメコ価格　　(c) 原木伏せ込み量

図6.29　事故前後での全国と福島県の生シイタケ価格、ナメコ価格、シイタケ用原木の伏せ込み量（栽培本数）の比較（全国と福島県内で得られた統計値について、事故前年（2010年）の値を基準として比率を表示）
（出典：東京都中央卸売市場「市場統計情報」[165]、農林水産省（2020）特用林産物生産統計調査[166]、福島県農林水産部「平成30年度 福島県森林・林業統計書」[7]）

に留まっています。価格も乾シイタケで全国比で64%、生シイタケで86%に低下しています。

6.5.4　シイタケへの放射性セシウムの移行メカニズム

a. ほだ木からシイタケへの放射性セシウムの移行

　原木シイタケはほだ木から放射性セシウムを吸収しますが、樹木は部位によっても放射性セシウム濃度が異なるため、シイタケがほだ木のどの部位から放射性セシウムを取り込むのか知ることは重要です。岩澤[167]はシイタケとほだ木の放射性セシウム濃度を部位ごとに分けて測定しました（図6.30）。その結果、シイタケの放射性セシウム濃度はほだ木全体や直接的な汚染の影響を強く受けている外樹皮（各図下段）よりも樹体内部である内樹皮や辺材・心材の濃度と高い相関を示していました（各

図上段）。また、ほだ木の表面を洗浄した試験では、樹皮表面に付着した放射性セシウムが落ちることでほだ木全体の放射性セシウム濃度は下がるものの、発生するシイタケの濃度は変化しませんでした[168]。そのため、シイタケはほだ木の外側ではなく、内部（材：図3.7）の放射性セシウムを吸収していると考えられます。ほだ木となるコナラなどの樹木の各部位の放射性セシウム濃度は時間経過とともに変化すると考えられています（図3.8、図3.10）。そのため、ほだ木全体の放射性セシウム濃度から求めている移行係数も時間経過とともに変わる可能性があり注視する必要があるでしょう。

　仮にほだ木の放射性セシウム濃度が高い場合であっても、ほ

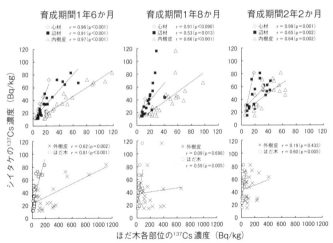

図6.30　シイタケとほだ木の各部位のセシウム137濃度の関係（シイタケのセシウム137濃度は心材、辺材、内樹皮のセシウム137濃度と高い相関を示し（図上段）、外樹皮やほだ木全体の濃度とは相関が低かった（図下段））
（出典：岩澤 2017[167]）

だ木からシイタケへの放射性セシウムの移行が抑えられればほ
だ木を活用することができます。そこで移行抑制の試みがいく
つか行われました。一つはプルシアンブルーという物質による
放射性セシウムの吸収抑制試験です。プルシアンブルーとは、
放射性セシウムに強く結合する性質がある物質で、人間が取り
込んでしまった放射性セシウムの体外排出を促進するために使
われるものです。プルシアンブルーに浸潤させたほだ木から発
生したシイタケは、無処理のシイタケに比べて放射性セシウム
濃度が半分以下に低減されることがわかりました[169]。しかし、
プルシアンブルーはシアン化合物であり、発生時にシイタケに
付着する可能性があることから食品への適用は難しいと考えら
れています。他にも原木に植菌する種駒に放射性セシウムの移
行を抑える鉱物(ゼオライト)を混ぜたり、ウェットブラスト(水
と研磨剤の混合液)をほだ木に吹き付けて放射性セシウムを除
去するなどの手法が提案されました[170][171]。どちらも実用化
には至っていませんが、シイタケの放射性セシウム濃度を低減
させる効果が認められています。

b. 栽培環境からの追加汚染

　原木栽培を行う場合、ほだ木を森林内などの野外環境に置く
露地栽培と、ビニールハウスなどの建物内に置く施設栽培があ
ります。これまで野外で栽培するとほだ木やシイタケの放射性
セシウム濃度が上昇するケースがあり、露地栽培では環境から
の追加汚染が発生すると考えられています。そこで追加汚染対
策のための試験が行われました。森林内では放射性セシウムが

循環しており、露地栽培を行っているほだ木への追加汚染の要因としてさまざまな経路が予想されます。一つは地面からの移行です。原木ナメコ栽培において、林内の表層土壌を取り除いた場合に発生したナメコの放射性セシウム濃度が低減されるという報告があります[172]。こうした結果は、土壌中に分布する放射性セシウムが何らかの要因によってきのこに移行していることを示しています。一方で、森林内では葉を通過した林内雨に放射性セシウムが含まれています（3.2節）。露地栽培では、樹冠からきのこへの放射性セシウムの移行についても注視する必要があるでしょう。

　現在のところ、追加汚染の経路やメカニズムは十分に解明されておらず、対策も確立されてはいません。地域や条件によって追加汚染の影響が異なっている可能性もあります。また事故後の最初の2〜3年目（初期）に行われた試験に比べ、4〜5年後（移行期）の試験では環境からシイタケへの追加汚染は減っているという報告もあります。いずれにしても汚染された森林で原木シイタケの露地栽培を再開する際には、推奨されるさまざまな対策を行って効果を確かめながら慎重に行う必要があると考えられます。

6.5.5　栽培きのこの汚染対策

a．ガイドライン

　シイタケへの放射性セシウムの移行メカニズムは十分にはわかっていないのが現状です。しかし、汚染のない原木を用いて、追加汚染の影響のない施設内で行い、追加汚染の影響を排除す

図6.31　原木用非破壊検査機の写真
（提供：栃木県林業センター今井芳典氏）

る管理体制で行えば基準値以下の放射性セシウム濃度の原木シイタケを作ることは可能であることがわかっています。そこで無汚染（放射性セシウムを含まない）の原木供給のためのマッチングの推進やガイドライン[173]に基づいた低濃度のシイタケ生産工程管理の徹底が行われています。ガイドラインを遵守することで生産農家単位での解除が行われるなど、出荷制限域は徐々に減りつつあります。

　一方で、これまでとは異なる産地の原木を使い、野外で生産していたものを室内で作るなど、異なる条件での栽培のやり方が生産者には求められています。また、県外から原木を仕入れることでコストがかかります。原木栽培は農家が自分の山や地元の広葉樹を利用して行うという形態が一般的でしたが、汚染によってこれまでのサイクルができなくなっています。そのため、徐々に元のやり方に戻す方策を検討していくことが今後必要になります。同じ地域内でも環境によって原木となる広葉樹

の放射性セシウム濃度はさまざまであり、汚染地域内でも利用
可能な原木が存在していると考えられます。そこで原木用の非
破壊検査機（図6.31）を用いて、利用可能な原木を見つける試
みが行われています。

b. 広葉樹の汚染と対策

　このような商品的価値の高いコナラに対して、樹体内の放射
性セシウム濃度のバラツキを決定する要因が精力的に研究さ
れ、農業で指摘されていたような土壌中の交換性カリウムの影
響を示唆する研究成果が発表されました。福島県田村市の原木
林40地点の調査から、コナラなどの当年枝の放射性セシウム
濃度と土壌表層の交換性カリウムに強い負の相関があることが
明らかにされました（図6.32）。この調査では、汚染程度が同

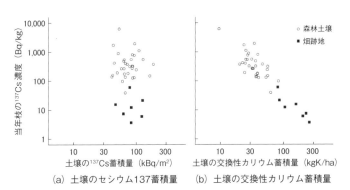

(a) 土壌のセシウム137蓄積量 　(b) 土壌の交換性カリウム蓄積量

**図6.32　当年枝のセシウム137濃度と土壌のセシウム137蓄積量 (a) および
土壌の交換性カリウム蓄積量 (b) の関係**（福島県田村市都路町の広葉樹原木
林で採取した）

（出典：森林総合研究所「放射能汚染地域におけるシイタケ原木林の利用再開・
再生」[175]、結果の一部は Kanasashi, *et al.* 2020[174]で公表）

じ地域内で採取した当年枝の放射性セシウム濃度が調査地点間で最大100倍以上異なっていました。もちろん土壌そのものの汚染度合いも重要ですが、交換性カリウム濃度が高い土壌であればコナラの放射性セシウム濃度が低くなり、原木として利用できる可能性があります。一方で、カリウム施肥によって放射性セシウム吸収を積極的に抑制するための研究も行われています。例えば、小林らはコナラの苗の実験から、コナラのセシウム吸収を決めているのは、培養液中のカリウムとセシウムのイオン比に基づく吸収競合であることを示しました[28]。土壌の放射性セシウム濃度が高くてもカリウム施肥によって原木が利用可能になることも期待されます。

6.6 住民への情報提供

　膨大で複雑な情報をいかに住民に伝えるか、さまざまな方法がとられました。

　これまで見てきたように、この10年間の間に、研究者や行政の調査によって森林内の放射性セシウムの動態や空間線量率の変化が明らかにされてきました。被災地域での生活や産業の再建には、汚染の実態を明らかにするだけでなく、得られた情報を地域の住民にいかに迅速に、正確に、そしてわかりやすく提供していくかが大切です。そこで、林野庁・環境省・福島県をはじめとした行政、国立研究機関、大学が主体となりさまざまな情報提供が住民に対して行われました。多様な方法が取られ、シンポジウム（図6.33）、対話集会（図6.34）、パンフレッ

トの作成（図6.35）、ホームページの構築（図6.36）などがあります。最近では、ユーチューバーをゲストにむかえたシンポジウムなどもあります。特にシンポジウムや対話集会では、研究者や行政による最新の調査結果の紹介に加え、質疑応答により、一般の人からの質問に答え、直接やりとりが行われました。

図6.33　シンポジウム風景（「チェルノブイリと福島の調査から森林の放射能汚染対策を考える」、2018年6月5日、東京大学）
（提供：森林総合研究所大橋伸太氏）

図6.34　住民との対話集会の風景　（左）講演の後、住民の一人に空間線量率計について説明している（2018年2月、茨城県）、（右）森林組合で開催された今後の木材活用に関する円卓会議（2017年7月、福島県）
（提供：（左）森林総合研究所金子真司氏、（右）森林総合研究所三浦覚氏）

また、林野庁が中心となり、森林の放射能汚染に関する網羅的なパンフレットも作成されました。パンフレットでは、福島の森林の状況から、対策や今後に向けての情報までが解説され、

 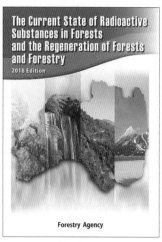

(a) 日本語版　　　　　　　(b) 英語版

図6.35　啓発用に作成されたパンフレットの例
（出典：放射性物質の現状と森林・林業の再生（パンフレット）[126]）

図6.36　啓発用に作成されたホームページの例
（出典：環境省、除染情報サイト「森林の除染等について」[108]）

新たな成果を加えることで毎年更新されてきました。また各省庁は、市町村から報告された農作物・林産物の放射性セシウム情報をデータセットとして逐次公開してきました。これらのデータセットは住民への情報提供であるとともに、研究者にも活用されました。このようなホームページやパンフレットは、巻末のリンク集から閲覧・ダウンロードが可能です。30年以上前にソ連で起こったチェルノブイリ原発事故に比べ、福島原発事故は高い透明性とスピードで、そして多様な方法で情報提供がなされています。今後も得られた研究成果を社会に還元する取り組みを続けていくことが重要です。

column	あのときを振り返って（4）

福島事故回顧録

フランス放射性廃棄物管理機関プロジェクトマネージャー
イブ・チリー（Yves Thiry）

　2011年3月11日に起きた巨大地震と津波によって、日本で放射性物質の大規模放出が起こるかもしれない、私は当時そのことをラジオで聞きました。3月16日、フランス電力の共同研究者とスウェーデンからきた二人の共同研究者とフィールド調査のためフランスの東部を車で走っていたときのことです。そのときの驚きは相当のものでした。その時点ではそれ以上の十分な情報がなかったため、私は日本の人々や環境に今後もしかして起こるかもしれない事態を想像して心配していました。

　その後、数週間から数か月の間に、状況の深刻さや、日本政府、地方自治体、さまざまな関係者らが速やかにとった多様な対策、そして状況が明らかになるにつれて次々と展開されていく対応について、メディアを通じて知ることができました。被ばく影響を最小限にするために取られた対策の数や厳格さ、特に家々や土地の広域除染の開始に感銘を受けました。

　2011年の終わりに、フランスの放射線防護原子力安全研究所から、フランス政府の助成による大規模研究プロジェクトのコンソーシアム（研究グループ）に参加しないか、という打診を受けました。このプロジェクトの目的は、環境中の放射性物質の拡散とその影響評価に関するモデリングでした。私はかつてチェルノブイリ事故により汚染された森林について研究していましたが、今回は福島原発事故後に汚染された地域の大部分を占める「森林」内での放射性セシウムの生物地球化学的動態に焦点を当てた研究計画を立案するため、私のチェルノブイリでの経験が買われたのです。その他には、プロジェクトの中には放射性セシウムの河川を経由しての海洋への流出、海洋での動態の研究テーマがありました。私たちは2013年秋に、筑波大学の研究サイトのスギ林で最初のサンプリングを行いました。チェルノブイリ後の研究プロジェクトに比べて、事故後に速やかな研究協力体制が整っていたので、汚染直後の動態を理解する非常によい機会となりました。私たちの研究は、その他の日本人研究者にも助けられました。科学的な文献など膨大な情報が、日本の複数の研究機関から提供されました。森林総合研究所もその中の一つです。常緑針葉樹において、放射性物質の樹冠による捕捉、そして葉からの樹体内への取り込み、さらにはその内部での循環の重要性がすぐに確認されました。一方で、チェルノブイリの森林と比べて、福島地域の気候や土壌の

せいだと考えられますが、樹木・土壌からの速やかな放射性物質の排出が起こっているようでした。私がかつてベラルーシのヨーロッパアカマツのデータを用いて開発した森林内放射性物質追跡モデル (TRIPS2.0) では、日本の森林での動きを再現するためには根からの吸収を4分の1に小さく設定し直さなくてはならなかったのです。落葉樹においては、葉からの取り込みや根からの吸収がまだ十分に解明されておらず、内部での循環が十分にはわかってないと思います。そのため少なくとも数年は調査が必要だと思います。とりわけ、私たち研究者のモデルは新しいデータのおかげでより確実なものになってきました。現在、日本の他の研究者たちとモデルを持ち寄って、森林の管理や対策によって森林内の循環がどのように変化するかを調べています。

　汚染された地域は今、いわゆる回復期にあると言えます。必要なことは、どこにいつ通常のまたは今回の事故に対応した社会経済的な状況、すなわち一例としては人々や森で働く作業員に対し安全な状況をつくり出せるか、と言うことかもしれません。今後も木材を含む森林の産物の汚染度が高い状態が続く高汚染地域においては、通常の状態に回復するには数十年では難しいということを理解する必要があります。地域の人々にとっては、広くまわりを取り囲む森林に近づけない・活用できないと言うことは非常に気が滅入る話だと思います。しかし、大部分の地域はそこまでの状況ではなく、土壌や樹木の回復を早める手段はあると思いますし、林産物の価格を安定させるさまざまな方法は今後検討されるべきでしょう。未来に向けて、私は個別のバラバラの研究から、さまざまな系における汚染物質のゆくえをコントロールするために、より統合された研究プロジェクトへ移行していくことを期待しています。例えば、森林・河川・海洋を連結して捉えるようなものです。森林流域は、日

本の福島事故により降下した放射性物質をその場に留めおくという非常に重要な役割を担っています。特に福島地域の地形や気候から考えて、土砂流出や土壌侵食はおそらく放射性物質の移動を長期的に捉えた場合の主要なメカニズムになると思います。このように、森林生態系から海洋生態系をつなげて捉え、モニタリングを行い、挙動を理解することが必要です。そして、それには、傾斜が急な地域においては良かれと思って行う対策が、かえって森林の放射性セシウムの安定を揺るがす可能性があることについても考慮する必要があります。大きな視点で見てみた場合、より統合されたビジョンを形成すること、また汚染土壌から汚染物質の貯蔵まで含めた汚染地域の管理についてより学際的なアプローチを取ることが非常に重要です。それはすなわち、環境科学に加え、放射線防護、経済学、社会学などのさまざまな分野からの新しい視点です。これはとてもチャレンジングな課題と言えます。

　そのような視点から、地域の人々や森林で働く人たちが期待していることを明らかにするため、そして福島の森林の将来に向けての管理を正しく導くために、本当にそこにある暮らしに目を向け地域の人々の生の声を聞くことが非常に大切です。

福島でのサンプリング風景 (左の写真がYves Thiry氏)
(提供：Yves Thiry 氏)

第7章

福島の森林の今後
―森林の放射能汚染にどう向き合うか―

　最後のこの章では、放射能汚染をのり越えてい
くために、本書で紹介してきた調査結果に基づき
ながら、今後の対策や残された課題、よりよい調
査方法について考えていきます。

　事故から10年が経ちました。これまで見てきたように、事故直後から現在に至るまで膨大な調査研究が行われ、森林と放射性セシウムに関する多くのことが明らかになってきました。またこの間、行政でもさまざまな対策が試験され、効果やコストについて検証した上で実施されてきました。10年という時間の中で、森林に降った放射性セシウムは放射性壊変により一定の割合で減少し、その分布も変化したことで、森林の汚染の状況は変化しました。その結果として、避難指示区域の見直しや食品の品目ごとの出荷制限解除が行われています。しかし、依然として汚染されたままの森林は残されており、今なお多くの住民や関係者が苦悩しています。この章では、この本で紹介してきた調査結果に基づきながら、森林の放射能汚染への向き合い方について考えていきます。

7.1　森林の放射能汚染のポイント

　はじめに森林の放射能汚染に向き合う上で重要なポイントをまとめてみましょう。

　森林に限らず、放射性セシウムの一般的な挙動として、放射性壊変の効果を理解する必要があります。

❑　主要な核種である放射性セシウムからの放射線は、放射性壊変により、物理学的半減期に従って減少していく。

❑　事故から10年が経った現在、セシウム134の比率は非常に小さくなり、セシウム137が重要となっている。

❏　セシウム137の物理学的半減期は30年と長いが、樹木の寿命や人工林の伐採サイクルはこれよりも長い。

森林に降った放射性セシウムの挙動についてはさまざまなことがわかりました。また対策を考える上で、日本の森林の状況も考慮する必要があります。

❏　福島では森林は約7割の面積を占め、広い。

❏　放射性セシウムは、事故直後は樹木に多く捕捉されたが、現在では大部分が鉱質土壌、特に表層に移動している。

❏　放射性セシウムは、今後も土壌表層に長く留まることが予想される。

❏　放射性セシウムは森林からはあまり流出しない。

❏　土壌から樹木への放射性セシウムの吸収が起こっているが、おそらく土壌環境の違いのために、チェルノブイリ原発事故の際に欧州で認められたような特に高い吸収は報告されていない。

❏　樹木の放射性セシウム濃度は樹種、部位や環境によって異なる。

❏　きのこや山菜などの林産物や野生動物には、放射性セシウム濃度が高い傾向が続いているものがある。

このような調査研究から得たさまざまな知見を参考に多くの対策が検討されました。

❏　除染をするのであれば、事故直後に樹木と落葉層を除去する、または、落葉層に放射性セシウムの多くが移ったタイミングを見計らって落葉層を除去することが効率的である。

❏　除染をしても膨大な廃棄物が出る。

❏　除染は、空間線量率を減らしたい場所に近いところで行うほど効果が大きい。森林除染で除染範囲を林縁から20 mを超える範囲に広げても効果は頭打ちになり、林縁の外側での空間線量率の低減効果は小さい。

❏　広い面積や地形を考慮すると、森林では除染やカリウム施肥といった処理や施業によって環境中のセシウムを減らすことには限界がある。

❏　森林は、森林外にほとんど放射性セシウムを流出させず内部に留める性質があり、また除染範囲が林縁から20mに限られている。その結果として、森林内の空間線量率は同じ地域の住宅地や農地よりも高い。

また放射線防護の観点から以下の点を理解しておくことが大切です。

❏　内部被ばくと外部被ばくがあり、その両方を防ぐ必要がある。

❏　被ばく線量は、受けた放射線の強さと受けた時間の掛け算で決まる。

❏　そのため、そのどちらかまたは両方を減らすことで被ばくを低減できる。

　以上のことを考慮し、ICRP勧告111にもあるように、放射線防護対策のメリットとデメリットのバランスを意識しながら、住民と行政が十分なコミュニケーションを取ることが必要です。また、今後さらに時間が経つと、放射性物質や放射線の状況だけでなく森林や社会の状況も変化していきます。最適な対処法は、時間とともに常に検討を加えて動的に変えていくものだということも理解しておく必要があります。

7.2　汚染状況を理解し対処するための目安

　放射能汚染に対処する上で、二つの重要なポイントがあります。一つは、当然のことですが汚染が強く（空間線量率が高く、放射性セシウム濃度が高く）なるほど問題が深刻になること、もう一つは、同じ汚染程度の地域でも利用対象（例：木材・きのこ・山菜・レクリエーションなど）によって問題の深刻さが異なることです。一つ目のポイントは、放射能汚染対策の観点からは、第2章や第5章で見てきたように、放射線による被ばくを減らすために汚染程度ごとに異なる対応が必要と捉えることができます。また二つ目のポイントは、第3章や第6章で見てきたように、対象によって放射性セシウムの取り込みや分布、時間的変化が異なることに加え、人への影響に関わる基準値も異なる場合があることが原因となっています。このように、汚染状況に対処するには汚染程度と対象という異なる二つの要素が複雑に絡むために問題が複雑になりがちですが、放射線防護の観点から汚染程度と対象ごとに現状を把握し、対処方法を

判断していく必要があります。

　この二つのポイントとこれまでの研究で明らかになったそれぞれの対象の特性に基づき、汚染程度と森林内での活動や林産物利用との関係について、事故発生10年後の状況について以下のような区分を提案したいと思います。

1．低汚染度の地域(事故時0.5 μSv/h以下、2020年現在0.1 μSv/h以下程度)

　○立ち入り、レクリエーション、建築材としての利用は問題なし。

　○広葉樹の原木や薪としての利用、野生動物、きのこ、山菜については、環境や種類によっては放射性セシウム濃度が利用制限となる指標値や食品の基準値を超える可能性がある。

2．中汚染度の地域(事故時2 μSv/h以下、2020年現在0.5 μSv/h以下程度)

　○立ち入り、レクリエーション、建築材としての利用は問題なし。

　○広葉樹・野生きのこ、山菜は多くの地域で指標値や基準値を超える可能性が高い。

3．高汚染度の地域(事故時10 μSv/h以下、2020年現在2.5 μSv/h以下程度)

　○森林への一時的な立ち入りは問題ないが、除染された居住地周辺でも通常生活以上の外部被ばくを受けることから、業務や日常利用で森林に継続的に立ち入る際には積算被ばく線量を管理する必要がある。

　○森林整備や除染作業を行う場合は土壌の放射性セシウム濃

度を目安にして被ばくを管理する必要がある。

○建材は利用可能だが、樹皮は指定廃棄物の基準値を超える
　可能性がある。

○広葉樹、野生きのこ、山菜は種類によらず長期的に指標値
　や基準値を超えると予想される。

4．2020年12月現在の帰還困難区域（事故時10 μSv/h以上、
　2020年現在2.5 μSv/h以上程度）

○除染などの特別な作業を除き、立ち入りが制限されている。

○空間線量率が2.5 μSv/h以下程度に下がるまで、今後も引
　き続き立ち入りを制限することが推奨される。

○2020年現在でも残る主要な放射性物質は半減期が30年の
　セシウム137であるため、今後の空間線量率や林産物の放
　射性セシウム濃度の減少は非常に緩やかである。

○特に汚染が高いところでは、森林や林産物の利用が可能に
　なるには数十年〜100年以上の時間が必要となると予想さ
　れる。

以上の区分では、わかりやすくするために、汚染状況への対
応を区分するための境界値として空間線量率を用いています。
この区分のベースとなるのは国や国際機関が定めた基準値や指
標値ですが、それらの値は空間線量率が用いられる場合と放射
性セシウム濃度が用いられる場合があるため、空間線量率のみ
を用いた区分は厳密ではありません。ここであえて空間線量率
に基づいて大まかな対処の目安を提案したのには理由がありま
す。一つには基準値や指標値は一律に決まっているので地域の
汚染状況を理解し説明するのが難しいということがあります。

そこで地域の汚染程度のわかりやすい目安である空間線量率を利用することで、過剰な被ばくを防ぐための全体像を概観し理解しておくことが有用だと考えるからです。そして、空間線量率を目安とする上で重要なのは、汚染程度に応じた対処方法は年単位の時間の経過とともに変化するものだということです。特に、事故発生からの数年間は森林内では放射性物質の分布が大きく変化します。それに加えて、同じ濃度でより強い放射線を発生するセシウム134の影響は7年間で10分の1にまで急速に低下します。本書では、10年間の調査モニタリングの知見が蓄積された今、放射性セシウムの分布や動態に基づいて、事故直後に定められた基準値や指標値を点検し、森林の放射能汚染への向き合い方という観点から整理し直し理解するための一助として提案しました。併せて、このような整理は、例えば10年、20年といった時間の節目ごとに点検して見直すべきものであることを心に留めておいてほしいと思います。

7.3　今後の対策は

　では、放射能汚染の低減割合が緩やかになってきた福島原発事故発生10年目の現在、具体的には、今後どのようなさらなる対策が可能なのでしょうか？　それを考える前に、まず対策を検討していく上で大切な二つの軸を考えます（図7.1）。一つ目の軸は「技術を適用しての対策」と「管理を通じての対策」です。前者は、主に動的な対策・ハード面での対策とも言えますし、後者は静的な対策・ソフト面での対策とも呼べるでしょう。

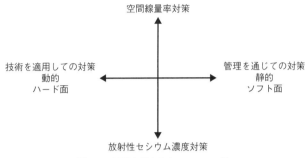

図7.1 対策を考える上での二つの軸

ただし対策ははっきりと二つに分けられるものではなく、どの対策もその両方の面を持っています。二つ目の軸は「空間線量率」に対する対策と「放射性セシウム濃度」に対する対策です。前者は、空間線量率を下げたり、放射性物質からの距離を取るような対策で、主に外部被ばく対策と言えます。後者は、例えば樹木や林産物の放射性セシウム濃度を低減したり、汚染されたものを人々が食べないようにするための対策で、主に内部被ばくを防ぐための対策です。そしてどの対策にもメリットとデメリットがあることを意識することが大切であり、それを意識しながらメリットを最大化していくことが望まれます。以下具体的な対策を考えていきましょう。

a．技術を適用しての空間線量率対策

　落葉層を剥ぎ取る森林除染が現在のところ唯一の方策になります（6.1節）。しかし、事故後10年が経過し落葉層からその下の表層土壌へと放射性セシウムの大部分が移行した現在は、落

葉層を除去することによる空間線量率の低減はあまり期待できません。また、落葉層の除去は空間線量率を下げるだけでなく、土壌環境を変化させ森林の持つ多面的な機能にも影響を及ぼす可能性があります。森林除染が放射性セシウムの低減以外にもたらす副次的な影響については今後検証していく必要があります。日本の森林面積は陸域の7割と広大であるため、コストに見合う効果が得られない可能性は常に考慮するべきです。今後除染を行うのであれば、特に利用頻度が高く、線量の低減が見込まれる公共的なニーズが高い里山などを優先的に検討するべきでしょう。

b．管理を通じての空間線量率対策

　森林ごとの空間線量率のマップ化は、森林を利用する地域の人々が、できるだけ被ばくを避けながら森林を活用していくために必要です（5.2節、6.1節）。人々の活動の種類ごとに環境から受ける被ばく線量の目安をわかりやすく示したマップがあれば、汚染地域でのさまざまな活動を再開する際の判断に役立ちます。森林では今後も空間線量率は概ね放射性壊変に従って低下していくと考えられます（3.6節、6.1節）。セシウム137が主要な放射性物質である今、場所によっては線量の十分な低減には100年から200年の時間がかかるかもしれません。

c．技術を適用しての放射性セシウム濃度対策

　水田や畑で全面的な対策として行われたカリウム施肥は、森林の樹木に対しても放射性セシウム濃度を低く抑える効果があ

ることが示されています (6.5節)。ただし、森林でのカリウム施肥は農地以上に大きなコストがかかること、施肥効果がどれくらいの期間続くのか分かっていないことなど、実用化までにはまだ検討すべき課題があります。　しかしながら、積極的にカリウムを施肥することが難しい場合でも、もともと土壌のカリウム濃度が高い土地に生育するきのこ原木用の広葉樹は放射性セシウム濃度が低いことが明らかにされています (6.5節)。その性質を利用した対策として、事故以前から日本の山村で増えている耕作放棄地の利用が考えられます。農地として利用されていた耕作放棄地は、長年にわたる施肥によってカリウム濃度が高いことが期待されます。そのような耕作放棄地の面積は限られているかもしれませんが、元来森林として利用されてきた林地でも、土壌の種類や地形によって土壌中のカリウム濃度は異なるため、土壌のカリウム濃度が高い林地を効率よく探し出すことができれば、部分的にでもきのこ栽培のための原木林生産の再開が可能となるかもしれません。

d. 管理を通じての放射性セシウム濃度対策

　伐採時期を遅らせるという対策もあり得ます。林業は時間をかけて木を育てます。そのことをうまく活用すれば、木を収穫するときには放射性壊変によってセシウム137の濃度が十分に下がっている可能性もあります。そのためには、樹木の将来のセシウム137濃度について信頼性の高い情報が提供できるように、予測の推定精度を上げていくことが必要です。将来の濃度予測が必要なのは樹木だけではありません。きのこや山菜に代

表される林産物の濃度予測も問われています。「いつになった
ら」という問いは、被災地域で林業や林産業に従事する方やそ
こで暮らす方々と話をするたびに問われてきた放射能汚染対策
に関わる最大の関心事です。また、きのこや山菜の種による放
射性セシウム濃度の違いや、山菜の放射性セシウム濃度を下げ
る調理法の普及も役に立つことでしょう。さらには2012年4月
から一律で適用されてきている一般食品の基準値のうち、きの
こや山菜などの野生の副食品を地域において消費する場合の基
準値について新たに検討することも考えられます(6.4節)。デー
タに基づいて食品摂取を通した被ばく線量を見積もった上で、
山の恵みから得られるメリットに照らして放射線防護の立場か
ら検証し、被ばくを防ぐことと山村地域の食文化を守ることと
の最適化について再検討することも可能ではないでしょうか。
汚染された地域で暮らすことを選んでいる人々が自ら被ばくの
リスクについて考えて判断できるようになれば安心して暮らせ
ることにつながります。

　以上、森林や林産物の利用に関する放射性物質対策について
いくつかの具体的な対策を提示しました。これらのうちの一つ
に決定的に有効な対策があるというものではありません。大切
なことは、森林での放射性セシウムの動態や空間線量率の特性
を理解して「放射性セシウムからの放射線は半減期に従って減
少していく」という特性をうまく使いながら、さまざまな方法
をうまく織り交ぜることで、不要な被ばくを避けながら森林と
の付き合いを少しずつ回復していくということだと考えていま

す。事故初期には放射能汚染の実態もそこから受ける被ばく状
況についても情報が限られていました。この10年間の蓄積さ
れたデータを活用することで、森林内での活動や林産物を食べ
ることで受ける被ばく線量を精度よく見積もることが可能に
なってきています。置かれた状況を受け止めて、その中で森林
や林産物を利用することによるメリットとそれに伴って生じる
被ばくのデメリットを天秤に掛けながら、得られるメリットを
最大にしていくという考え方が基本になります。新たに選択し
た対策に効果があるかを見極めるために、試行錯誤を繰り返し
ながら汚染状況と被ばく量のモニタリングを続け、データに基
づいて対応していくことが求められています。そのためには、
研究者はこれまで以上に地域住民や行政と対話を重ねて、そこ
に暮らす人々や社会が求めているものの本質がどこにあるかに
ついて認識を深めることが大切です。

7.4　研究者に残された課題

　この10年の調査研究でわかったこと、そして実際の森林で
の取り組みを整理していくと、これまでの研究成果が役立って
いることがわかる一方で、今後さらに研究面で探求していかな
ければならないことも明らかになってきました。

a．モニタリングの継続

　セシウム137の半減期は30年であり、今後も森林でのモニタ
リングを継続していく必要があります。この10年間調査を行っ

てきた地点での調査を継続することはデータの継続性が維持され、よりよいデータが得られるでしょう。また場所や樹種によるばらつきがあるので、行政機関による調査やモニタリングのような多点でのデータも必要です。チェルノブイリ原発事故で汚染されたヨーロッパの森林での研究は事故後10年ほどは盛んでしたが、やがて中断され、また今回の福島原発事故をきっかけに再開されています。福島ではこのような中断が発生しないように、事故直後から行われてきたモニタリングを継続していくことが大切です。

b．将来を精度よく予測する

　森林内での放射性セシウムの動きは徐々に準平衡から平衡のステージへと入りつつあります。平衡状態においても、森林内で放射性セシウムの一部は動き続けます。放射性セシウムの将来の姿を精度よく予測できれば、汚染への対策が立てやすくなりますし、住民や事業体、行政に対し精度の高い見通しを提供することが可能になります。予測の精度を高めるための課題として、1) 種ごとの濃度特性の把握と種間差が生じる要因の解明、2) 個体間および個体内で濃度のばらつきが生じる要因の解明、3) カリウム施肥などの人為的対策による効果の持続性の見極め、などがあります。

c．転用に適した樹木の選抜

　今の森林が当初の用途として長期間使えないことが明らかである場合、転用を検討しなければならないでしょう。そのため

には、代替として有用かつ放射性セシウムを吸収しにくい樹木
や放射性セシウムによる汚染が利用に影響しない樹木の選抜が
必要になります。環境学だけでなく、育種学や経済学的な観点
からの研究者の参画が求められるでしょう。

d．より効率的な除染・線量低減手法の開発

除染は空間線量率を下げる数少ない手法です。これまで述べ
たようにコストと効果の関係から限界があることがわかってい
ますが（6.1節）、より効率的な除染方法や線量低減の手法の開
発に引き続き取り組んでいくことが重要です。さらに、将来再
び日本を含む世界のどこかで大規模な原発事故が発生したとき
に、森林でどのような対策をとるのが最適かを整理し備えてお
くことは今なら効果的に行うことができます。原発を利用し続
けるのであれば備えは欠かせません。

e．行政・住民・研究者のコミュニケーションの深化

研究者は得られた研究成果を地域の住民や事業体に還元する
ことが重要です。放射能汚染は問題が複雑であり、地域の汚染
度だけでなく、地域社会の生活や経済の状況にも影響されるた
め、答えも一つではありません。放射能汚染の状況と今後の推
移について基本的なことが把握できた今、研究者は行政や住民
との対話を深めて連携し、多様な対策や選択肢をともに考え、
継続性のある複合的な対応を取ることがこれまで以上に重要と
なるでしょう。

ｆ．帰還困難区域の森林をどのように扱っていくか

　福島原発事故発生後これまで、すべての地域の避難指示の解除を目標にさまざまな組織で人々が努力してきました。しかし、全面的な除染ができない森林では長期的に利用が困難である地域が残ることは避けられず、そのような森林を将来にわたってどのように利用するかを考えなくてはいけません。帰還困難区域の森林は、場所にもよりますが居住地よりも空間線量率が高く、被ばく防護上の目標レベルに低減するまで100年単位での構想が必要となります。例えば、長期的に入れないのであれば、自然エネルギーのメガプラントにする、チェルノブイリ原発周辺のように全く手を入れない自然の状態を保ちながら定期的な生態系調査を行うことで、原発事故によって発生した環境変化を長期的に観察する拠点とするなども考えられます。また、長期間放置された森林生態系の健全性を維持するための研究も必要でしょう。

7.5　同様の事故のとき、研究者は何をすべきか

　チェルノブイリ原発事故と対比される福島原発事故ですが、チェルノブイリ原発事故の際に比べて、福島原発事故の際にはより迅速に、より網羅的にデータが取られ、よりオープンな形で調査結果が公表されました。チェルノブイリ原発事故が旧東側で起こった事故であったこと、現在は透明性が重要視されていること、インターネットが普及していたことなどが影響したでしょう。加えて、森林では事故前から森林内の水や微量元素

の動態観測のための観測システムが設置されていて、そのうち
いくつかはそのまま放射性セシウムの研究に利用できたため、
非常に初期のデータも取得されました。また、論文や報告書に
公表されているチェルノブイリ原発事故の研究成果を基に、森
林内での放射性セシウムのおよその動態が予測できたため、そ
れに備える調査や観測が迅速に組まれたこともあるでしょう。
それでも研究者として反省点がないわけではありません。研究
者としての反省も含め、将来への備えとして、効果的な調査方
法についての教訓（lessons learned）をまとめました。

❑　既存の観測システムの活用
　　❑　事故直後の森林内での放射性セシウムの分布は数時間か
　　　ら日単位で変化していきます。そのような速い変化を捕
　　　らえるためには、例えば森林内の水の動きを観測してい
　　　た観測システムなど、既存のシステムをサンプリングな
　　　どに活用することが有効です。

❑　時間的・空間的なデータの取り方
　　❑　森林内での動態は時々刻々と変化していきます。また汚
　　　染は広範囲にわたり、汚染の程度も異なります。森林や
　　　土壌の種類も多様です。ですので、時間的・空間的に広
　　　く長く観測できる調査手法や体制が必要です。

❑　循環を捉えるデータの取り方
　　❑　森林では農地と異なり、樹木が永年生（何十年も成長しな
　　　がらそこにある）であり、放射性セシウムが森林生態系の
　　　中を循環しています。樹木・土壌を含めたさまざまな部
　　　位の分析と循環を意識したデータ取得が必要でしょう。

❑　事故が起こる季節が、樹木の生物季節性、降水パターンやタイミングなどを通じて、沈着から土壌への移行、その後の内部循環まで、大きな影響を与える可能性

　❑　チェルノブイリ原発事故も福島原発事故も春先に起こりました。この時期は落葉広葉樹が葉をつける前でした。また日本においては、春の雨がある時期です。もし落葉広葉樹が葉をつけている時期に事故が起こっていたら？　雨が降らない乾燥した時期に起こっていたら？　または梅雨などの雨の多い時期に起こっていたら？　おそらく沈着の様式や、森林内での初期の動き方は大きく変わっていたでしょう。

❑　概ね現象は似ているが、時間的変化のスピードは必ずしも過去の結果と同じにならない可能性を考慮

　❑　チェルノブイリ原発事故の際に確認された森林内での放射性セシウムの動きはおよそ福島でも似ていました。しかし、放射性セシウムが樹冠や落葉層から鉱質土壌へ移行するスピードなどは必ずしも同じではありません。また地形や降水量が異なるため、流出など注視すべきポイントも異なります。過去の結果を参考にしつつも、事故が起こった場所や季節に合わせた調査が必要です。

❑　さまざまな構成物（木・きのこ・土）や種類（樹種）に対応したデータの取り方

　❑　森林は樹木（葉、枝など部位もさまざま）、土壌（落葉層・鉱質土壌、深さ）の基本構成に加え、きのこや山菜、昆虫、大型動物などたくさんの生物種が入り混じった生態系で

す。また種類も豊富で、生息域や生理的な特性により、放射性セシウムの吸収特性も異なります。全部を網羅することは難しいですが、できるだけ幅広いサンプリングが必要です。

❏ 地理情報システム（GIS）とモデルの活用による広域把握と予測

　▫ 一般に放射能汚染は広域に及びます。地理情報システムなどを用いて汚染の空間的な広がりを見える化することが不可欠です。

　▫ 航空機からの迅速かつ定期的な空間線量率の調査、また無人航空機（UAV）などを用いて流域スケールの調査も有効です。

　▫ 森林内での放射性セシウムの動きはダイナミックで、かつ時間的に移り変わっていきます。このような場合、モデルによる解析がより力を発揮します。またより正確なモデル解析のためには、データによるモデルの調整と検証が不可欠です。

❏ 急速に動く時期と、その動きが遅くなる時期に合わせた観測

　▫ 放射性物質の沈着直後から初期のより速くかつ大きく動く時期と、数年目以降、準平衡状態に入る時期では、鍵となる移行プロセスが異なってきます。観測の対象や頻度の力点も状況に合わせて調整する必要があるでしょう。

❏ 平時から定点モニタリング、事故前からの土壌・木材のアーカイブ試料の活用

　▫ 事故はいつ起こるかわかりません。事故が起こる前の情

報、例えば平時はどの程度の放射性セシウム濃度であったのか、グローバルフォールアウトの影響はどのように低減していったのかといった情報があると、事故後の解析をより深めることができます。

❏　初期の緊急対策後の数十年スケールの長期での対策

　　❏　セシウム137の半減期、森林の永年性から、長期で研究や対策を考える必要があります。

　　❏　長期になると、気候変動などの大きな環境変化も起こります。

　　❏　管理が行き届かなくなると病虫害や火災が発生しやすく、また樹木が生育範囲を広げて森林域自体が拡大する可能性もあります。

❏　研究機関・大学の学際的連携、多様な分野の専門家の協働、正確な分析技術の共有

　　❏　調査には多くの研究機関・大学の研究者が関わりました。また分野もさまざまです。得意分野で役割分担するなど連携が大切です。

　　❏　空間線量率や放射性セシウム濃度を正確に測定する技術が不可欠であり、それを迅速に展開する必要があります。事故発生後速やかにその技術を専門家同士や行政の調査機関で共有していくことが必要です。

　　❏　分析以外に大切なのがサンプリングの技術です。森林内のさまざまな部位（例えば材や渓流水）を適切にサンプリングするには森林調査のしっかりとした知識と技術が必要です。この点も協働・共有していくことが必要です。

❑　行政と研究者との協働

  ❑ 福島原発事故では膨大なデータが行政によって取得されました。どちらかというと研究者は限られた地点で密にデータを取ることを得意とし、行政は幅広くデータを取ることを得意としていました。

  ❑ 両者が役割分担を行い、データを共有することでより網羅的で有用なデータが取得され対策に活用することができます。

  ❑ そのためにも行政と研究者が技術協力や情報交換を行う必要があります。

❑　データフォーマットの統一とデータの共有、迅速なデータ公開

  ❑ 放射性物質による汚染の情報は、住民や事業体そして行政が非常に高い関心を持っています。通常の科学界で行われる「観測調査し論文化するプロセス」では情報の提供が追いつきません。迅速で丁寧な情報やデータの公開が必要でしょう。

  ❑ インターネットの普及や科学界のオープンデータの推進という背景もあり、データ公開と集約はチェルノブイリ原発事故の頃よりも容易にそして迅速に行われました。

  ❑ データのフォーマットを整えることにより、より容易にデータの集約が可能になります。

  ❑ ただし、Webに公開された資料は、例えば10年後にアクセスできるのか？　など永続性が問題となります。例えばWeb上の資料であっても、永続性を担保できる仕組みが必要でしょう。

　　　❑ 今回の事故は世界中が注視していました。海外の研究者
　　　　も福島を研究しています。日本向けおよび海外向けの情
　　　　報発信やデータの提供が必要です。

❑　　概要・詳細なプロセス・バラツキのバランスのとれた情報
　　提供

　　　❑ 住民や行政の関心が高いため、研究者は研究者以外との
　　　　コミュニケーションが求められます。そのため概要・詳
　　　　細・科学的限界・不確実性をバランスよく、わかりやす
　　　　く伝えていく必要があります。

7.6　未来へ向けて

　この10年間で、福島原発事故で森林に降下した放射性セシ
ウムのうち、セシウム134はほとんどが物理的に壊変して無視
できるレベルになりました。しかしセシウム137は今後も森林
生態系の中に留まり、大部分は土壌の表層に分布しますが、そ
のうちの一部は森林の中で循環していきます。セシウム137も
物理的な壊変により緩やかですがしかし確実に減少していき、
そして空間線量率は低下していきます。樹木は長い寿命を持
ち、森林は他の生態系よりも長い緩やかな時間で育まれてきま
した。私たち日本人はその森林からさまざまな恵みを享受して
きました。森林は木材生産や水源涵養などの場として機能する
だけでなく、文化的・心理的側面でも私たちと強く結びついて
きました。幸いなことは、今回の事故で生じた放射線量は、森
林生態系の機能そのものを破壊するほどの強さではなかったこ

とです。汚染はされましたが、森林はこれまで通り力強く生き
ています。

　しかしながら、本書で見てきたように放射性物質や放射線量
の増加は森林に関わる人たちの生活を一変させました。放射能
汚染された森林に対するいくつかの有効な対策は提示されてい
ますが、決定的な対処法はありません。私たちはさまざまな対
処法をうまく組み込みながらも、根本的には放射線量の自然の
低減、そして森林の持つ長い時間スケールと放射性セシウムを
保持する力をうまく活用し、被ばくを避けながら、森林と向き
合い森林と生きていくことが可能です。近年、勇気づけられる
情報も届いています。チェルノブイリの周りの森は、今生き物
たちが駆け回り、自然保護区のようになっているというので
す。森の生き物は負けていません。私たちも決して諦めること
なく、正確な科学情報に基づき、被ばくを避ける工夫をしなが
ら、これからも森林とともに歩んでいけると信じています。本
書がその一助になれば幸いです。

おわりに

　この本の執筆がいよいよ本格的に始まった2020年は、本を計画したときには想像もできなかった事態が発生していました。コロナ禍です。日本・福島という地球規模で見ればローカルな事象（実際には放射性物質は微量ながら地球全体を駆け巡りましたが）と、全人類を巻き込んだ世界的な事象という地理的スケール感の違いはありますが、何かしらの事象（放射性物質・ウイルス）によって人々の生活や社会が大きな影響を受け、未知の状況に大きな不安を受けるという意味では、根本的な構造は似ていると感じています。そして何より、一人ひとりの個人がメディアやネットに飛び交う情報、国や地方自治体が発信する情報をもとにリスクを評価し、生活様式を改める判断をすることは、事象に寄らず同じ構造です。その発せられる情報は、まだ十分にわかっていないことも含む科学的な情報であり、皆が不安や混乱の中に放り込まれる点も似ています。2011年の大地震、大津波、放射能汚染問題は、科学の限界と、科学者が人々と十分にコミュニケートし、適切に情報を伝えられていない、という問題もあぶり出しました。

　そんな混乱の中で、いま本書の推敲とあとがきを書いています。この本には回顧録として、事故直後に起こったことや感じ

たことを、日本の研究者とチェルノブイリを経験した欧州の研究者に寄稿していただきました。回顧録は科学解説本には珍しいかもしれませんが、研究者は何を思いどう動いたかもしっかり残しておきたいと考えたからです。私たち著者も、この本を書く中で10年のうちに得られた科学的知見を振り返るだけでなく、事故当時のあの緊迫と混乱を時折振り返り、今でも身震いするような当時の気持ちを思い出し、この本を書き上げる原動力としてきました。

　「はじめに」にも書きましたが、私たちは10年という節目を機に、福島の森林に関する情報を包括的にわかりやすくまとめる、という目標を立ててこの本を執筆してきました。また多くの研究者の熱量があるうちにこれまでわかったこと、経験したことをまとめておきたい、そしてこの10年と同じレベルとまでは言わないけれども、その熱を今後も残していきたいと思ってきました。

　この本が、福島の森林のますますの問題解決につながるとともに、福島の森林に直接関わる方々だけでなく、多くの人の理解の促進につながればと思っています。何か事象が起き、自分たちの生活が影響を受けるような状況が生じたとき、その事象に関する科学的知見を個々人が理解し判断せねばならない場面は必ず皆さんの人生で発生します。その際に、どのように科学的情報を理解すべきか、さらには問題の複合性やバランスのとれた対処の仕方など、この本が皆さんの科学リテラシー（科学情報をどう受け止めるべきか）の参考になれば著者としてうれしく思います。一方で、10年の観測を経ていくつかのことは

解明されましたが、未だに答えが得られていないこともあるように、科学が必要な時期に適切な状況を人々に届けられないという限界が常にあります。そのようなときにはパニック的な思考に陥らないよう気をつけつつ、しかし、安全側に立って対処することも大切でしょう。

　最後になりますが、この本は膨大な研究・調査成果を基に書き上げられています。福島の森林研究に取り組まれたすべての研究者に謝意と敬意を表します。特に森林総合研究所のメンバー、東京大学大学院農学生命科学研究科アイソトープ農学教育研究施設および森林科学専攻造林学研究室の先生方にはさまざまな形で大きな支援をいただきました。林野庁、福島県および福島県内の各市町村、森林組合にはデータ提供や調査協力をいただきました。また著者らは国際原子力機関のプロジェクトにも参加しました。そこで出会った、チェルノブイリを経験した欧州の研究者たちは福島原発事故に関心を持ち、私たちを助け、励ましてくれました。そしてデータの解析などを協力して行ってきました。そのプロジェクトでは特にBrenda Howard名誉教授（英、Centre for Ecology and Hydrology）に大変お世話になりました。また田上恵子博士、Yves Thiry博士、George Shaw名誉教授（以上の3名は先述のプロジェクトに参加）、一番の混乱期に最前線で活躍された高橋正通博士にはコラムに回顧録を寄稿していただきました。また、青山道夫博士には放射能と放射線についての用語とその用法についてアドバイスをいただきました。皆さんにこの場を借りて感謝申し上げます。

　最後に小さなお願いですが、放射能汚染はこれからも長く続く問題です。この本を手にとってくださった皆さんは今後もこの問題に少しだけでも目を向け続けてほしいと思います。そしてその際にはできるだけ信頼できると思われる情報を得てください。また学生の皆さん、どんなテーマでもよいので「放射線生態学」に関連する研究の道をぜひご検討ください。福島の森が待っています。

橋本昌司、小松雅史、三浦 覚

引用文献

[1] 環境省 (2020) 放射線による健康影響等に関する統一的な基礎資料, 令和元年度版. https://www.env.go.jp/chemi/rhm/basic_data. html. (Accessed 27 Nov 2020)

[2] 青山道夫, 山澤弘実, 永井晴康 (2018) 福島第一原発事故の大気・海洋環境科学的研究の現状—事故の何が分かったか、事故から何が分かったか, 日本原子力学会誌ATOMOΣ 60: 46–50.

[3] 原子力規制委員会 (2012) 第5次航空機モニタリングの測定結果及び福島第一原子力発電所から80 km圏外の航空機モニタリングの測定結果. https://radioactivity.nsr.go.jp/ja/contents/7000/6289/ view.html. (Accessed 2 Jan 2021)

[4] European Environment Agency (2012) Deposition from Chernobyl in Europe. https://www.eea.europa.eu/data-and-maps/fig- ures/deposition-from-chernobyl-in-europe. (Accessed 30 Oct 2020)

[5] 堅田元喜, 茅野政道 (2017) 福島第一原子力発電所事故における放射性核種の大気放出・拡散・沈着. エアロゾル研究 32: 237–243.

[6] Katata G, Ota M, Terada H, et al. (2012) Atmospheric discharge and dispersion of radionuclides during the Fukushima Dai-ichi Nuclear Power Plant accident. Part I: Source term estimation and local-scale atmospheric dispersion in early phase of the accident. Journal of Environmental Radioactivity 109: 103–113.

[7] 福島県農林水産部 (2018) 平成30年度 福島県森林・林業統計書. https://www.pref.fukushima.lg.jp/uploaded/attachment/384590. pdf. (Accessed 2 Jun 2020)

[8] 国土交通省 (2020) 国土数値情報ダウンロード. https://nlftp.mlit. go.jp/ksj/index.html. (Accessed 27 Nov 2020)

[9] Hashimoto S, Komatsu M, Imamura N, et al. (2020) Forest eco- systems. In: Environmental Transfer of Radionuclides in Japan Following the Accident at the Fukushima Daiichi Nuclear Power

Plant. IAEA, Vienna, pp. 129–178.

［10］環境省（2020）放射性物質汚染廃棄物処理情報サイト. http:// shiteihaiki.env.go.jp/. (Accessed 28 Nov 2020)

［11］復興庁（2020）放射線リスクに関する基礎的情報. https://www. reconstruction.go.jp/topics/main-cat1/sub-cat1-1/20140603102608. html. (Accessed 28 Nov 2020)

［12］ICRP (2007) The 2007 Recommendations of the International Commission on Radiological Protection（邦訳 国際放射線防護委員会の2007年勧告. 日本アイソトープ協会, 2009）. ICRP Publication 103. Ann. ICRP 37 (2-4).

［13］Kato H, Onda Y, Gomi T (2012) Interception of the Fukushima reactor accident-derived ^{137}Cs, [134]Cs and ^{131}I by coniferous forest canopies. Geophysical Research Letters 39: 2012GL052928.

［14］Gonze MA, Calmon P (2017) Meta-analysis of radiocesium contamination data in Japanese forest trees over the period 2011–2013. Science of the Total Environment 601–602: 301–316.

［15］Komatsu M, Kaneko S, Ohashi S, et al. (2016) Characteristics of initial deposition and behavior of radiocesium in forest ecosystems of different locations and species affected by the Fukushima Daiichi Nuclear Power Plant accident. Journal of Environmental Radioactivity 161: 2–10.

［16］Nishikiori T, Watanabe M, Koshikawa MK, et al. (2019) ^{137}Cs transfer from canopies onto forest floors at Mount Tsukuba in the four years following the Fukushima nuclear accident. Science of the Total Environment 659: 783–789.

［17］Kato H, Onda Y, Saidin ZH, et al. (2019) Six-year monitoring study of radiocesium transfer in forest environments following the Fukushima nuclear power plant accident. Journal of Environmental Radioactivity 210: 105817.

［18］Itoh Y, Imaya A, Kobayashi M (2015) Initial radiocesium deposition on forest ecosystems surrounding the Tokyo metropolitan area due to the Fukushima Daiichi Nuclear Power Plant accident. Hydrological Research Letters 9: 1–7.

［19］Endo I, Ohte N, Iseda K, et al. (2015) Estimation of radioactive 137-cesium transportation by litterfall, stemflow and throughfall in the forests of Fukushima. Journal of Environmental Radioactivity 149: 176–185.

[20] Imamura N, Komatsu M, Ohashi S, *et al.* (2017) Temporal changes in the radiocesium distribution in forests over the five years after the Fukushima Daiichi Nuclear Power Plant accident. Scientific Reports 7: 8179.

[21] 林野庁 (2020) 令和元年度 森林内の放射性物質の分布調査結果について. https://www.rinya.maff.go.jp/j/kaihatu/jyosen/R1_jittaihaaku.html. (Accessed 27 Nov 2020)

[22] 山口紀子, 高田裕介, 林健太郎, ほか (2012) 土壌‐植物系における放射性セシウムの挙動とその変動要因. 農業環境技術研究所報告 31: 75-129.

[23] 山口紀子 (2014) 土壌への放射性Csの吸着メカニズム. 土壌の物理性 126: 11-21.

[24] Delvaux B, Kruyts N, Cremers A (2000) Rhizospheric Mobilization of Radiocesium in Soils. Environmental Science and Technology 34: 1489-1493.

[25] Toriyama J, Kobayashi M, Hiruta T, Shichi K (2018) Distribution of radiocesium in different density fractions of temperate forest soils in Fukushima. Forest Ecology and Management 409: 260-266.

[26] Manaka T, Imamura N, Kaneko S, *et al.* (2019) Six-year trends in exchangeable radiocesium in Fukushima forest soils. Journal of Environmental Radioactivity 203: 84-92.

[27] Komatsu M, Hirai K, Nagakura J, Noguchi K (2017) Potassium fertilisation reduces radiocesium uptake by Japanese cypress seedlings grown in a stand contaminated by the Fukushima Daiichi nuclear accident. Scientific Reports 7: 15612.

[28] Kobayashi R, Kobayashi NI, Tanoi K, *et al.* (2019) Potassium supply reduces cesium uptake in Konara oak not by an alteration of uptake mechanism, but by the uptake competition between the ions. Journal of Environmental Radioactivity 208-209: 106032.

[29] Kabata-Pendias A (2010) Trace Elements in Soils and Plants, 4th Edition. CRC Press, Boca Raton.

[30] 金子信博, 黄よう, 中森泰三 (2015) 土壌の生物多様性と機能を活用した森林土壌の放射性セシウム除去. 日本森林学会誌 97: 75-80.

[31] Fukuyama T, Takenaka C (2004) Upward mobilization of ^{137}Cs in surface soils of *Chamaecyparis obtusa* Sieb. et Zucc. (hinoki) plantation in Japan. Science of the Total Environment 318: 187-195.

[32] Thiry Y, Garcia-Sanchez L, Hurtevent P (2016) Experimental quantification of radiocesium recycling in a coniferous tree after aerial contamination: Field loss dynamics, translocation and final partitioning. Journal of Environmental Radioactivity 161: 42-50.

[33] Imamura N, Watanabe M, Manaka T (2021) Estimation of the rate of ^{137}Cs root uptake into stemwood of Japanese cedar using an isotopic approach. Science of the Total Environment 755: 142478.

[34] von Fircks Y, Rosén K, Sennerby-Forsse L (2002) Uptake and distribution of ^{137}Cs and ^{90}Sr in *Salix viminalis* plants. Journal of Environmental Radioactivity 63: 1-14.

[35] Calmon P, Thiry Y, Zibold G, *et al.* (2009) Transfer parameter values in temperate forest ecosystems: a review. Journal of Environmental Radioactivity 100: 757-766.

[36] Ipatyev V, Bulavik I, Baginsky V, *et al.* (1999) Forest and Chernobyl: forest ecosystems after the Chernobyl nuclear power plant accident: 1986-1994. Journal of Environmental Radioactivity 42: 9-38.

[37] Ohashi S, Kuroda K, Takano T, *et al.* (2017) Temporal trends in ^{137}Cs concentrations in the bark, sapwood, heartwood, and whole wood of four tree species in Japanese forests from 2011 to 2016. Journal of Environmental Radioactivity 178-179: 335-342.

[38] 原田洸, 佐藤久男 (1966) スギ壮令木の乾重量, 養分含有量, および樹皮・辺材・心材におけるこれらの配分状態について. 日本林学会誌 48: 315-324.

[39] IAEA (2006) Environmental Consequences of the Chernobyl Accident and their Remediation: Twenty Years of Experience. IAEA, Vienna. (邦訳あり、リンク集10)

[40] IAEA (2010) Handbook of Parameter Values for the Prediction of Radionuclide Transfer in Terrestrial and Freshwater Environments. IAEA, Vienna.

[41] Iwagami S, Tsujimura M, Onda Y, *et al.* (2019) Dissolved ^{137}Cs concentrations in stream water and subsurface water in a forested headwater catchment after the Fukushima Dai-ichi Nuclear Power Plant accident. Journal of Hydrology 573: 688-696.

[42] Sakuma K, Nakanishi T, Yoshimura K, *et al.* (2019) A modeling approach to estimate the ^{137}Cs discharge in rivers from immedi-

ately after the Fukushima accident until 2017. Journal of Environmental Radioactivity 208–209: 106041.

[43] Iwagami S, Onda Y, Tsujimura M, Abe Y (2017) Contribution of radioactive ^{137}Cs discharge by suspended sediment, coarse organic matter, and dissolved fraction from a headwater catchment in Fukushima after the Fukushima Dai-ichi Nuclear Power Plant accident. Journal of Environmental Radioactivity 166: 466–474.

[44] Shinomiya Y, Tamai K, Kobayashi M, *et al.* (2014) Radioactive cesium discharge in stream water from a small watershed in forested headwaters during a typhoon flood event. Soil Science and Plant Nutrition 60: 765–771.

[45] 篠宮佳樹，玉井幸治，小林政広，ほか（2013）森林からの流出水に含まれる放射性物質の動態．関東森林研究 64: 53–56.

[46] Nishikiori T, Hayashi S, Watanabe M, Yasutaka T (2019) Impact of clearcutting on radiocesium export from a Japanese forested catchment following the Fukushima nuclear accident. PLoS ONE 14: e0212348.

[47] Evangeliou N, Balkanski Y, Cozic A, *et al.* (2015) Fire evolution in the radioactive forests of Ukraine and Belarus: future risks for the population and the environment. Ecological Monographs 85: 49–72.

[48] Evangeliou N, Zibtsev S, Myroniuk V, *et al.* (2016) Resuspension and atmospheric transport of radionuclides due to wildfires near the Chernobyl Nuclear Power Plant in 2015: An impact assessment. Scientific Reports 6: 26062.

[49] Yoschenko VI, Kashparov VA, Protsak VP, *et al.* (2006) Resuspension and redistribution of radionuclides during grassland and forest fires in the Chernobyl exclusion zone: part I. Fire experiments. Journal of Environmental Radioactivity 86: 143–163.

[50] Ager AA, Lasko R, Myroniuk V, *et al.* (2019) The wildfire problem in areas contaminated by the Chernobyl disaster. Science of the Total Environment 696: 133954.

[51] UK Centre for Ecology & Hydrology (2017) Red Fire: Radioactive environment damaged by fire. https://www.ceh.ac.uk/redfire. (Accessed 28 Nov 2020)

[52] 金子真司，後藤義明，田淵隆一，ほか（2018）帰還困難区域で発生した森林火災が樹木樹皮と表層土壌の放射性セシウムの蓄積に及

ぼす影響. 森林総合研究所研究報告 17: 259-264.

[53] 福島県環境創造センター (2017) 浪江町林野火災に伴う放射性物質 の環境影響把握のための調査結果 (中間報告). http://www.pref. fukushima.lg.jp/uploaded/attachment/241494.pdf. (Accessed 28 Nov 2020)

[54] 福島県 (2018) 浪江町井出地区の林野火災現場周辺の放射線モニタ リングの結果. https://www.pref.fukushima.lg.jp/site/namie-rin yakasai-201704-05/. (Accessed 28 Nov 2020)

[55] Kurikami H, Sakuma K, Malins A, et al. (2019) Numerical study of transport pathways of ^{137}Cs from forests to freshwater fish living in mountain streams in Fukushima, Japan. Journal of Environmental Radioactivity 208-209: 106005.

[56] Nishina K, Hashimoto S, Imamura N, et al. (2018) Calibration of forest ^{137}Cs cycling model "FoRothCs" via approximate Bayesian computation based on 6-year observations from plantation forests in Fukushima. Journal of Environmental Radioactivity 193-194: 82-90.

[57] Hashimoto S, Matsuura T, Nanko K, et al. (2013) Predicted spatio-temporal dynamics of radiocesium deposited onto forests following the Fukushima nuclear accident. Scientific Reports 3: 2564.

[58] Nishina K, Hayashi S (2015) Modeling radionuclide Cs and C dynamics in an artificial forest ecosystem in Japan -FoRothCs ver1.0-. Frontiers in Environmental Science 3: 61.

[59] Ota M, Nagai H, Koarashi J (2016) Modeling dynamics of ^{137}Cs in forest surface environments: Application to a contaminated forest site near Fukushima and assessment of potential impacts of soil organic matter interactions. Science of the Total Environment 551-552: 590-604.

[60] Calmon P, Gonze M-A, Mourlon Ch (2015) Modeling the early-phase redistribution of radiocesium fallouts in an evergreen coniferous forest after Chernobyl and Fukushima accidents. Science of the Total Environment 529: 30-39.

[61] Shaw G, Avila R, Fesenko S, et al. (2003) Chapter 11 Modelling the behaviour of radiocaesium in forest ecosystems. In: Scott EM (ed) Radioactivity in the Environment. Elsevier, pp 315-351.

[62] Linkov I, Schell WR (eds) (1999) Contaminated Forests: Recent Developments in Risk Identification and Future Perspectives.

Kluwer Academic Publishers, Amsterdam.

[63] IAEA (2002) Modelling the Migration and Accumulation of Radionuclides in Forest Ecosystems, Report of the Forest Working Group of the Biosphere Modelling and Assessment (BIOMASS), Theme 3. IAEA, Vienna.

[64] Hashimoto S, Imamura N, Kaneko S, *et al.* (2020) New predictions of ^{137}Cs dynamics in forests after the Fukushima nuclear accident. Scientific Reports 10: 29.

[65] Shaw G, Venter A, Avila R, *et al.* (2005) Radionuclide migration in forest ecosystems – results of a model validation study. Journal of Environmental Radioactivity 84: 285–296.

[66] 森林総合研究所 (2020) 令和2年版 研究成果選集2020. https://www.ffpri.affrc.go.jp/pubs/seikasenshu/2020/index.html. (Accessed 28 Nov 2020)

[67] 福島県 (2020) 森林内における放射性物質調査結果等について. https://www.pref.fukushima.lg.jp/site/portal/ps-shinrinhousyasei.html. (Accessed 27 Nov 2020)

[68] Kinase S, Takahashi T, Saito K (2017) Long-term predictions of ambient dose equivalent rates after the Fukushima Daiichi nuclear power plant accident. Journal of Nuclear Science and Technology 54: 1345–1354.

[69] 金子信博 (2004) 土壌の生成と土壌動物. 化学と生物 42: 408–415.

[70] Shang H, Wang P, Wang T, *et al.* (2013) Bioaccumulation of PCDD/Fs, PCBs and PBDEs by earthworms in field soils of an E-waste dismantling area in China. Environment International 54: 50–58.

[71] 安田雅俊, 山田文雄 (2006) 陸域生態系におけるPOPsの蓄積と挙動：東関東の里山と湖沼を事例として. 化学物質と環境 76: 13-15.

[72] 森林総合研究所 (2014) ミミズの放射性セシウム濃度は落葉層より低い. 環境報告書 15-16.

[73] Hasegawa M, Kaneko S, Ikeda S, *et al.* (2015) Changes in radiocesium concentrations in epigeic earthworms in relation to the organic layer 2.5 years after the 2011 Fukushima Dai-ichi Nuclear Power Plant accident. Journal of Environmental Radioactivity 145: 95–101.

[74] Hasegawa M, Ito MT, Kaneko S, *et al.* (2013) Radiocesium concentrations in epigeic earthworms at various distances from the

Fukushima Nuclear Power Plant 6 months after the 2011 accident. Journal of Environmental Radioactivity 126: 8-13.

[75] Fujiwara K, Takahashi T, Nguyen P, *et al.* (2015) Uptake and retention of radio-caesium in earthworms cultured in soil contaminated by the Fukushima nuclear power plant accident. Journal of Environmental Radioactivity 139: 135-139.

[76] Tanaka S, Adati T, Takahashi T, *et al.* (2018) Concentrations and biological half-life of radioactive cesium in epigeic earthworms after the Fukushima Dai-ichi Nuclear Power Plant accident. Journal of Environmental Radioactivity 192 227-232.

[77] Yoshimura M, Akama A (2014) Radioactive contamination of aquatic insects in a stream impacted by the Fukushima nuclear power plant accident. Hydrobiologia 722: 19-30.

[78] Murakami M, Ohte N, Suzuki T, *et al.* (2014) Biological proliferation of cesium-137 through the detrital food chain in a forest ecosystem in Japan. Scientific Reports 4: 3599.

[79] Steiner M, Linkov I, Yoshida S (2002) The role of fungi in the transfer and cycling of radionuclides in forest ecosystems. Journal of Environmental Radioactivity 58: 217-241.

[80] Strand P, Sundell-Bergman S, Brown JE, Dowdall M (2017) On the divergences in assessment of environmental impacts from ionising radiation following the Fukushima accident. Journal of Environmental Radioactivity 169-170: 159-173.

[81] Tamaoki M (2016) Studies on radiation effects from the Fukushima nuclear accident on wild organisms and ecosystems. Global Environmental Research 20: 73-82.

[82] Beresford NA, Adam-Guillermin C, Bonzom J-M, *et al.* (2012) Comment on "Abundance of birds in Fukushima as judged from Chernobyl" by Møller *et al.* (2012). Environmental Pollution 169: 136.

[83] Mousseau TA, Møller AP, Ueda K (2012) Reply to "Comment on 'Abundance of birds in Fukushima as judged from Chernobyl' by Møller *et al.* (2012)." Environmental Pollution 169: 137-138.

[84] Mousseau TA, Møller AP (2012) Reply to response regarding "Abundance of birds in Fukushima as judged from Chernobyl" by Møller *et al.* (2012) Environmental Pollution 169: 141-142.

[85] Copplestone D, Beresford N (2014) Questionable studies won't

help identify Fukushima's effects. The Conversation. http://the-conversation.com/questionable-studies-wont-help-identify-fukushimas-effects-26772.（Accessed 1 Dec 2020）

[86] Beresford NA, Scott EM, Copplestone D（2020）Field effects studies in the Chernobyl Exclusion Zone: Lessons to be learnt. Journal of Environmental Radioactivity 211: 105893.

[87] Watanabe Y, Ichikawa S, Kubota M, *et al.*（2015）Morphological defects in native Japanese fir trees around the Fukushima Daiichi Nuclear Power Plant. Scientific Reports 5: 13232.

[88] Yoschenko V, Nanba K, Yoshida S, *et al.*（2016）Morphological abnormalities in Japanese red pine（*Pinus densiflora*）at the territories contaminated as a result of the accident at Fukushima Dai-Ichi Nuclear Power Plant. Journal of Environmental Radioactivity 165: 60–67.

[89] 量子科学技術研究開発機構 量子医学・医療部門（2020）環境生物への影響（東京電力福島第一原子力発電所事故に関連するQ&A）. https://www.qst.go.jp/site/qms/39510.html.（Accessed 1 Dec 2020）

[90] Ishihara M, Tadono T（2017）Land cover changes induced by the great east Japan earthquake in 2011. Scientific Reports 7: 45769.

[91] 奥田圭，大沼学，大井徹，ほか（2018）放射能汚染による野生動物への直接的／間接的影響. 哺乳類科学58: 113–114.

[92] Sekizawa R, Ichii K, Kondo M（2015）Satellite-based detection of evacuation-induced land cover changes following the Fukushima Daiichi nuclear disaster. Remote Sensing Letters 6: 824–833.

[93] Lyons PC, Okuda K, Hamilton MT, *et al.*（2020）Rewilding of Fukushima's human evacuation zone. Frontiers in Ecology and the Environment 18: 127–134.

[94] Garnier-Laplace J, Beaugelin-Seiller K, Della-Vedova C, *et al.*（2015）Radiological dose reconstruction for birds reconciles outcomes of Fukushima with knowledge of dose-effect relationships. Scientific Reports 5: 16594.

[95] Perino A, Pereira HM, Navarro LM, *et al.*（2019）Rewilding complex ecosystems. Science 364: eaav5570.

[96] 森林総合研究所 関西支所（2007）ナラ枯れの被害をどう減らすか—里山林を守るために—. https://www.ffpri.affrc.go.jp/fsm/research/pubs/documents/nara-fsm_201202.pdf.（Accessed 22 Nov 2020）

［97］ Aoyama M, Hirose K, Igarashi Y (2006) Re-construction and up-dating our understanding on the global weapons tests ^{137}Cs fall-out. Journal of Environmental Monitoring 8: 431.

［98］ 原子力規制庁 (2020) 環境放射線データベース. https://search.kankyo-hoshano.go.jp/servlet/search.top. (Accessed 26 Nov 2020)

［99］ Ito E, Miura S, Aoyama M, Shichi K (2020) Global ^{137}Cs fallout inventories of forest soil across Japan and their consequences half a century later. Journal of Environmental Radioactivity 225: 106421.

［100］ Fukuyama T, Onda Y, Takenaka C, Walling DE (2008) Investigating erosion rates within a Japanese cypress plantation using Cs-137 and Pb-210ex measurements. Journal of Geophysical Research 113: F02007.

［101］ Collins AL, Blackwell M, Boeckx P, *et al.* (2020) Sediment source fingerprinting: benchmarking recent outputs, remaining challenges and emerging themes. Journal of Soils and Sediments 20: 4160–4193.

［102］ Kuroda K, Yamane K, Itoh Y (2020) Radial movement of minerals in the trunks of standing Japanese cedar (*Cryptomeria japonica* D. Don) trees in summer by tracer analysis. Forests 11: 562.

［103］ ICRP (2009) Application of the Commission's Recommendations to the Protection of People Living in Long-term Contaminated Areas after a Nuclear Accident or a Radiation Emergency (邦訳 原子力事故または放射線緊急事態後の長期汚染地域に居住する人々の防護に対する委員会勧告の適用. 日本アイソトープ協会, 2012). ICRP Publication 111. Ann. ICRP 39 (3).

［104］ ICRP (2009) Application of the Commission's Recommendations for the Protection of People in Emergency Exposure Situations (邦訳 緊急時被ばく状況における人々の防護のための委員会勧告の適用. 日本アイソトープ協会, 2013). ICRP Publication 109. Ann. ICRP 39 (1).

［105］ ICRP111解説書編集委員会 (2015) 語りあうためのICRP 111―ふるさとの暮らしと放射線防護―. 日本アイソトープ協会, 東京.

［106］ IAEA (2015) The Fukushima Daiichi accident - Technical Volume 4/5, Radiological Consequences. Vienna.

［107］ 荻野晴之, 浜田信行, 杉山大輔 (2013) 現存被ばく状況における参考レベルの適用―汚染の状況に応じた段階的な線量低減に向けて―. 日本原子力学会誌ATOMOΣ 55: 106-110.

[108] 環境省 (2020) 除染情報サイト. http://josen.env.go.jp/. (Accessed 1 Dec 2020)

[109] 林野庁 (2018) 森林内等の作業における放射線障害防止対策に関する留意事項等について (Q & A). https://www.rinya.maff.go.jp/j/routai/anzen/sagyou.html. (Accessed 21 Nov 2020)

[110] 安全衛生情報センター (2012) 特定線量下業務パンフレット (労働者向け). 東日本大震災関連情報. https://www.jaish.gr.jp/information/tokuteipamph_sagyou.pdf. (Accessed 28 Nov 2020)

[111] 消費者庁 (2020) 食品と放射能 Q and A 第14版. https://www.caa.go.jp/disaster/earthquake/understanding_food_and_radiation/material/assets/consumer_safety_cms203_200701_01.pdf. (Accessed 28 Nov 2020)

[112] 文部科学省 (2011) 放射線審議会 (第117回) 配布資料第117-4-2号 放射性物質汚染対処特別措置法の規定に基づく放射線障害の防止に関する技術的基準について. https://warp.ndl.go.jp/info:ndljp/pid/3193671/www.mext.go.jp/b_menu/shingi/housha/shiryo/1313892.htm. (Accessed 21 Nov 2020)

[113] Imamura N, Kobayashi M, Kaneko S (2018) Forest edge effect in a radioactivity contaminated forest in Fukushima, Japan. Journal of Forest Research 23: 15-20.

[114] 安田幸生 (2017) 森林内における空間線量率とその5年間の推移について. 水利科学 61: 102-130.

[115] 原子力規制委員会 (2016) 平成27年度東京電力株式会社福島第一原子力発電所事故に伴う放射性物質の分布データの集約事業成果報告書. 放射線モニタリング情報. https://radioactivity.nsr.go.jp/ja/list/564/list-1.html. (Accessed 21 Nov 2020)

[116] 福島県 (2020) 避難区域の変遷について. ふくしま復興ステーション. https://www.pref.fukushima.lg.jp/site/portal/cat01-more.html. (Accessed 2 Jun 2020)

[117] 経済産業省 (2020) これまでの避難指示等に関するお知らせ. https://www.meti.go.jp/earthquake/nuclear/hinan_history.html. (Accessed 28 Nov 2020)

[118] 木村憲一郎 (2019) 原発事故が福島県の木材需給に与えた影響と林業・木材産業の現状. 日本森林学会誌 101: 7-13.

[119] 農林水産省 (2012) 放射性物質による農地土壌等の汚染と対応. 平成23年度 食料・農業・農村白書. https://www.maff.go.jp/j/wpaper/w_maff/h23_h/trend/part1/sp/sp_c2_2_02.html. (Accessed

20 Nov 2020）

[120] 環境省（2020）森林の除染等について．除染情報サイト．http://josen.
env.go.jp/about/efforts/forest.html.（Accessed 27 Nov 2020）

[121] 林野庁（2011）森林の除染実証試験結果について（第二報）．林野庁
プレスリリース．https://www.rinya.maff.go.jp/j/kaihatu/jyosen/
attach/pdf/index-12.pdf.（Accessed 30 Nov 2020）

[122] 復興庁（2020）里山再生モデル事業．https://www.reconstruction.
go.jp/topics/main-cat1/sub-cat1-4/forest/20170113183504.html.
（Accessed 21 Nov 2020）

[123] 林野庁（2020）平成31年度森林施業等による放射性物質拡散防止等
検証事業報告書．

[124] Yasutaka T, Naito W（2016）Assessing cost and effectiveness of
radiation decontamination in Fukushima Prefecture, Japan. Jour-
nal of Environmental Radioactivity 151: 512–520.

[125] 福島県森林整備課（2020）森林における放射性物質の状況と今後の
予測について．https://www.pref.fukushima.lg.jp/uploaded/at-
tachment/393610.pdf.（Accessed 21 Nov 2020）

[126] 林野庁（2018）放射性物質の現状と森林・林業の再生（パンフレッ
ト）．東日本大震災に関する情報．https://www.rinya.maff.go.jp/j/
kaihatu/jyosen/houshasei_panfu.html.（Accessed 28 Nov 2020）

[127] 福島県森林整備課（2014）福島県民有林の伐採木の搬出に関する指
針について．

[128] 福島民報（2016）民有林9割伐採可能　県の線量基準を下回る．
https://www.minpo.jp/pub/topics/jishin2011/2016/01/post_12901.
html.（Accessed 2 Jun 2020）

[129] 林野庁（2012）きのこ原木及び菌床用培地並びに調理加熱用の薪及
び木炭の当面の指標値の設定について．分野別情報．https://www.
rinya.maff.go.jp/j/tokuyou/shihyouti-index.html.（Accessed 2 Jun
2020）

[130] 環境省（2012）薪ストーブ等の使用に伴い発生する灰の被ばく評価
について．http://www.env.go.jp/jishin/rmp/attach/no120119001_
eval.pdf.（Accessed 24 Sep 2020）

[131] 農林水産省（2012）放射性セシウムを含む肥料・土壌改良資材・培
土及び飼料の暫定許容値の設定について．https://www.maff.go.
jp/j/syouan/soumu/saigai/supply.html.（Accessed 2 Jun 2020）

[132] 林野庁（2020）森林・林業統計要覧2019．https://www.rinya.maff.
go.jp/j/kikaku/toukei/youran_mokuzi2019.html.（Accessed 28

Nov 2020）

[133] 日本原子力研究開発機構（2014）除去物等の管理. 除染技術情報な
び. https://c-navi.jaea.go.jp/ja/resources/waste-managment-ker-
nel. （Accessed 28 Nov 2020）

[134] 大塚祐一郎，ロナルド R ナバロ，中村雅哉，真柄謙吾（2018）木質
バイオマスを直接メタン発酵する技術の実証試験—放射能汚染バ
イオマスにも適応可能な新技術—. 2018年度森林総合研究所研究
成果選集 26-27.

[135] 厚生労働省（2020）出荷制限等の品目・区域の設定. https://www.
mhlw.go.jp/stf/kinkyu/2r9852000001dd6u.html. （Accessed 2 Jun
2020）

[136] Tsujino R, Ishimaru E, Yumoto T（2010）Distribution patterns of
five mammals in the Jomon period, middle Edo period, and the
present, in the Japanese archipelago. Mammal Study 35: 179-189.

[137] 環境省（2010）特定鳥獣保護管理計画作成のためのガイドライン（イ
ノシシ編）. 野生鳥獣の保護及び管理. https://www.env.go.jp/na-
ture/choju/plan/plan3-2a/index.html. （Accessed 24 Sep 2020）

[138] 福島県（2019）福島県イノシシ管理計画（第3期）. https://www.
pref.fukushima.lg.jp/uploaded/life/513482_1355454_misc.pdf. （Ac
cessed 28 Nov 2020）

[139] 環境省（2019）鳥獣関係統計. 野生鳥獣の保護及び管理. https://
www.env.go.jp/nature/choju/docs/docs2.html. （Accessed 28 Nov
2020）

[140] 上田剛平，高橋満彦，佐々木智恵，ほか（2018）福島原発事故によ
る放射能汚染が狩猟及び野生動物管理に与えている影響—特にイ
ノシシの管理に留意して—. 野生生物と社会 6: 1-11.

[141] Tagami K, Howard BJ, Uchida S（2016）The time-dependent
transfer factor of radiocesium from soil to game animals in Japan
after the Fukushima Dai-ichi nuclear accident. Environmental Sci-
ence and Technology 50: 9424-9431.

[142] Nemoto Y, Saito R, Oomachi H（2018）Seasonal variation of Cesi-
um-137 concentration in Asian black bear（*Ursus thibetanus*）and
wild boar（*Sus scrofa*）in Fukushima Prefecture, Japan. PLOS
ONE 13: e0200797.

[143] Steiner M, Fielitz U（2009）Deer truffles – the dominant source
of radiocaesium contamination of wild boar. Radioprotection 44:
585-588.

[144] 小寺祐二，神崎伸夫，石川尚人，皆川晶子 (2013) 島根県石見地方におけるイノシシ (*Sus scrofa*) の食性．哺乳類科学 53: 279-287.

[145] 農林水産省 (2013)，イノシシ被害対策のすすめ方―捕獲を中心とした先進的な取り組み―平成25年3月版．https://www.maff.go.jp/j/seisan/tyozyu/higai/manyuaru/taisaku_inosisi_hokaku/inosisi_hokaku.html.（Accessed 24 Sep 2020）

[146] 福島県環境創造センター，国立環境研究所 (2018) 福島県における放射性セシウムを含む捕獲イノシシの適正処理に関する技術資料．http://www.pref.fukushima.lg.jp/uploaded/attachment/294342.pdf.（Accessed 24 Sep 2020）

[147] 日本特用林産振興会 (2005) 山菜―健康とのかかわりを科学する―．https://nittokusin.jp/sansai/index.html.（Accessed 23 Mar 2020）

[148] 齋藤暖生 (2017) 山菜・きのこにみる森林文化 (特集 森のめぐみと生物文化多様性)．森林環境 2017: 12-21.

[149] 齋藤暖生 (2015) 第1報告 特用林産と森林社会 (森林 (もり) と食のルネサンス―創る・楽しむ・活かす 新たな山の業 (なりわい) ―2014年国土緑化推進機構助成シンポジウム)．林業経済 67: 2-6.

[150] 松浦俊也，林雅秀，杉村乾，ほか (2013) 山菜・キノコ採りがもたらす生態系サービスの評価―福島県只見町を事例に―．森林計画学会誌 47: 55-81.

[151] 河原崎里子，杉村乾 (2012) インターネット検索による山菜と野生食用きのこの採集頻度の推定とその地域性．日本森林学会誌 94: 95-99.

[152] 厚生労働省 (2020) 月別検査結果．https://www.mhlw.go.jp/stf/kinkyu/0000045250.html.（Accessed 24 Nov 2020）

[153] 林野庁 (2020) きのこや山菜の出荷制限等の状況について．https://www.rinya.maff.go.jp/j/tokuyou/kinoko/syukkaseigen.html.（Accessed 24 Nov 2020）

[154] Komatsu M, Nishina K, Hashimoto S (2019) Extensive analysis of radiocesium concentrations in wild mushrooms in eastern Japan affected by the Fukushima nuclear accident: Use of open accessible monitoring data. Environmental Pollution 255: 113236.

[155] 清野嘉之 (2018) 山菜の放射性セシウム濃度について分かってきたこと―濃度の高い山菜を採らないために―．季刊森林総研 40: 12-13.

[156] 清野嘉之，赤間亮夫，岩谷宗彦，由田幸雄 (2019) 2011年福島第一原子力発電所事故で放出された放射性セシウムのコシアブラ (*Eleutherococcus sciadophylloides*, 新芽が食べられる野生樹木) へ

の移行. 森林総合研究所研究報告 18: 195-211.

[157] Yamaji K, Nagata S, Haruma T, *et al.* (2016) Root endophytic bacteria of a ^{137}Cs and Mn accumulator plant, *Eleutherococcus sciadophylloides*, increase ^{137}Cs and Mn desorption in the soil. Journal of Environmental Radioactivity 153: 112-119.

[158] 重松友希, 杉村乾, 坂井真唯 (2018) 福島県における自然体験型レクリエーションの変化―東日本大震災の影響を探る―. 長崎大学総合環境研究 21: 43-54.

[159] 松浦俊也 (2021) 原発事故が山村の暮らしに与えた影響と回復への見通し. 森林科学 91: 16-18.

[160] 清野嘉之, 赤間亮夫 (2019) 日本の山菜10種, 11部位のセシウム137の食品加工係数と食品加工残存係数：長期保存のためのレシピが放射性セシウム量を最も減らした. 森林総合研究所研究報告 18: 369-380.

[161] 鍋師裕美, 堤智昭, 植草義徳, ほか (2016) 調理による牛肉・山菜類・果実類の放射性セシウム濃度及び総量の変化. RADIOISOTOPES 65: 45-58.

[162] 林野庁 (2019) 平成30年度 森林・林業白書 全文 (HTML版). https://www.rinya.maff.go.jp/j/kikaku/hakusyo/30hakusyo_h/all/index.html. (Accessed 22 Nov 2020)

[163] 森林総合研究所 (2012) 平成23年度安全な「きのこ原木」の安定供給対策事業報告書. https://www.ffpri.affrc.go.jp/pubs/various/documents/kinoko-genboku.pdf. (Accessed 22 Nov 2020)

[164] 林野庁 (2012) きのこ原木の供給可能情報掘り起こしのための取組について. https://www.rinya.maff.go.jp/j/tokuyou/genboku_jukyu.html. (Accessed 23 Nov 2020)

[165] 東京都中央卸売市場 (2020) 市場統計情報 (月報・年報). http://www.shijou-tokei.metro.tokyo.jp/. (Accessed 23 Nov 2020)

[166] 農林水産省 (2020) 特用林産物生産統計調査. https://www.maff.go.jp/j/tokei/kouhyou/tokuyo_rinsan/. (Accessed 23 Nov 2020)

[167] 岩澤勝巳 (2017) ほだ木各部位とシイタケとの放射性セシウム濃度の関係及び育成期間による影響, 関東森林研究 68: 157-160.

[168] 坂田春生, 當間博之 (2014) きのこの放射性物質に関する研究 (1) 原木除染機を用いたシイタケ原木の除染 (2). 平成25年度 群馬県林業試験場業務報告 58-59.

[169] 大橋洋二, 石川洋一, 杉本恵里子, ほか (2015) プルシアンブルーを利用した原木栽培シイタケへの放射性セシウムの移行低減につ

いて. 関東森林研究 66: 101-102.

[170] 伊藤博久, 小川秀樹, 村上香, ほか (2015) ウェットブラストによるシイタケ原木の除染. 平成26年度福島県放射線関連支援技術情報.

[171] Ohnuki T, Aiba Y, Sakamoto F, *et al.* (2016) Direct accumulation pathway of radioactive cesium to fruit-bodies of edible mushroom from contaminated wood logs. Scientific Reports 6: 29866.

[172] 原口雅人, 三宅定明, 吉田栄充, 大野武 (2016) ヒノキ原木栽培ナメコ中の環境放射性セシウム汚染の低減化. 日本森林学会誌 98: 128-131.

[173] 林野庁 (2013) 放射性物質低減のための原木きのこ栽培管理に関するガイドライン. 林野庁プレスリリース. https://www.rinya.maff.go.jp/j/press/tokuyou/pdf/131016-01.pdf. (Accessed 2 Jun 2020)

[174] Kanasashi T, Miura S, Hirai K, *et al.* (2020) Relationship between the activity concentration of ^{137}Cs in the growing shoots of *Quercus serrata* and soil ^{137}Cs, exchangeable cations, and pH in Fukushima, Japan. Journal of Environmental Radioactivity 220-221: 106276.

[175] 森林総合研究所 (2018) 放射能汚染地域におけるシイタケ原木林の利用再開・再生. https://www.ffpri.affrc.go.jp/rad/documents/20181206shiitake.pdf. (Accessed 29 Nov 2020)

リンク集

　森林や放射能、放射性物質について知りたい時に役立つサイトを集めました。

	サイト名	ウェブアドレス	ウェブアドレスの2次元バーコード
1	放射性物質の現状と森林・林業の再生（林野庁作成パンフレット）	https://www.rinya.maff.go.jp/j/kaihatu/jyosen/houshasei_panfu.html	
2	森林と放射能（森林総合研究所）	http://www.ffpri.affrc.go.jp/rad/	
3	森林内における放射性物質調査結果等について（福島県）	https://www.pref.fukushima.lg.jp/site/portal/ps-shinrinhousyasei.html	
4	除染情報サイト、森林の除染等について（環境省）	http://josen.env.go.jp/about/efforts/forest.html	
5	農産物に含まれる放射性セシウム濃度の検査結果（農林水産省）	https://www.maff.go.jp/j/kanbo/joho/saigai/s_chosa/	
6	放射線による健康影響等に関する統一的な基礎資料（環境省）	http://www.env.go.jp/chemi/rhm/basic_data.html	

	サイト名	ウェブアドレス	ウェブアドレスの2次元バーコード
7	放射線リスクに関する基礎的情報（復興庁）	https://www.reconstruction.go.jp/topics/main-cat1/sub-cat1-1/20140603102608.html	
8	答えます みんなが知りたい福島の今 —根拠情報Q＆Aサイト— （日本原子力開発機構）	https://fukushima.jaea.go.jp/QA/	
9	放射性物質汚染廃棄物処理情報サイト—放射性物質、放射能、放射線ってどう違うの？—（環境省）	http://shiteihaiki.env.go.jp/radiological_contaminated_waste/basic_knowledge/how_different.html	
10	チェルノブイリ原発事故による環境への影響とその修復 —20年の経験—（国際原子力機関作成、日本学術会議訳）	http://www.scj.go.jp/ja/member/iinkai/kiroku/3-250325.pdf	
11	原子力事故または放射線緊急事態後の長期汚染地域に居住する人々の防護に対する委員会勧告の適用（国際放射線防護委員会作成、日本アイソトープ協会訳）	http://www.icrp.org/docs/P111_Japanese.pdf	

索　　引

著者略歴

橋本　昌司　（はしもと　しょうじ）

東京大学大学院農学生命科学研究科アイソトープ農学教育研究施設准
教授（森林科学専攻兼担）、森林総合研究所立地環境研究領域主任研
究員（国際連携・気候変動研究拠点併任）
東京大学農学部卒。2004年東京大学大学院農学生命科学研究科博士
課程修了、博士（農学）

小松　雅史　（こまつ　まさぶみ）

森林総合研究所きのこ・森林微生物研究領域主任研究員（震災復興・
放射性物質研究拠点併任）
東京大学農学部卒。2008年東京大学大学院農学生命科学研究科博士
課程修了、博士（農学）。同研究科特任研究員、森林総合研究所特別
研究員を経て現職。著書に『森林学の百科事典』（分担執筆、丸善出版）

執筆協力

三浦　覚　（みうら　さとる）

森林総合研究所震災復興・放射性物質研究拠点研究専門員
1983年東京大学農学部卒。博士（農学）。林野庁林業試験場土じょう部、
森林総合研究所立地環境研究領域長、震災復興・放射性物質研究拠点
長を経て2020年定年退職。2013年から2年間、東京大学大学院農学
生命科学研究科放射性同位元素施設特任准教授。著書に、『原発事故
と福島の農業』（分担執筆、東京大学出版会）、『森のバランス』（分担
執筆、東海大学出版会）　ほか

森林の放射線生態学
　―福島の森を考える―

　　　　　　　　令和3年3月25日　発　行

著　者　橋　本　昌　司

　　　　小　松　雅　史

執筆協力　三　浦　　覚

発行者　池　田　和　博

発行所　丸善出版株式会社

　　　　〒101-0051 東京都千代田区神田神保町二丁目17番
　　　　編集：電話(03)3512-3265／FAX(03)3512-3272
　　　　営業：電話(03)3512-3256／FAX(03)3512-3270
　　　　https://www.maruzen-publishing.co.jp

組版　月明組版／印刷・製本　富士美術印刷株式会社

ISBN 978-4-621-30601-7　C1061　　　　　　Printed in Japan